# Python
# 大数据
## 分析与挖掘

U0255031

DATA ANALYSIS
AND DATA MINING WITH PYTHON

陈有华／伍敬文／文乐／何勤英　编著

经济管理出版社
ECONOMY & MANAGEMENT PUBLISHING HOUSE

**图书在版编目（CIP）数据**

Python大数据分析与挖掘/陈有华等编著 . —北京：经济管理出版社，2024.3
ISBN 978-7-5096-9630-9

Ⅰ.①P… Ⅱ.①陈… Ⅲ.①软件工具—程序设计—教材 Ⅳ.①TP311.561

中国国家版本馆 CIP 数据核字（2024）第 054636 号

组稿编辑：赵天宇
责任编辑：白　毅
责任印制：许　艳
责任校对：蔡晓臻

出版发行：经济管理出版社
　　　　　（北京市海淀区北蜂窝 8 号中雅大厦 A 座 11 层　100038）
网　　址：www. E-mp. com. cn
电　　话：（010）51915602
印　　刷：北京晨旭印刷厂
经　　销：新华书店
开　　本：720mm×1000mm/16
印　　张：21.5
字　　数：410 千字
版　　次：2024 年 5 月第 1 版　　2024 年 5 月第 1 次印刷
书　　号：ISBN 978-7-5096-9630-9
定　　价：49.80 元

# 前　言

　　"人生苦短，我用 Python"，坊间耳熟能详。相比于其他计算机编程语言，如 C 语言、Java 等，Python 不仅性能优越，包含大量的工具包，而且是一门解释性语言，通俗易懂。事实上，Python 一经推出，便广受欢迎。如今，它已成为多数平台上撰写脚本和快速开发应用的计算机编程语言，也逐渐被应用于机器学习、人工智能等独立的、大型项目的开发中。在日常工作当中，Python 还是用来提高办公效率的一大利器。特别是，随着大数据时代的到来，数据获取与分析显得尤为重要，Python 将会有更加广阔的应用空间。

　　不过，对于非计算机科班出身的人员来说，要学好 Python 并非易事。不同水平和专业读者的需求也不一样。对于经管专业学生来说，侧重于用 Python 进行大数据分析，鲜少进行软件应用开发，实无必要从头到尾学习其全部功能。快速上手、少走弯路、减少学习成本应该是大部分人的愿望。目前市面上相关的教材虽不少，但是大都面向专业技术人员，要么太难，要么太杂，导致难以适合非专业人员的学习。

　　我们编写本书的初衷就是要为经管专业学生提供一套简单而实用的 Python教程。希望经管专业学生通过对本书的学习，可以快速入门，获得运用 Python基本能力，同时为进一步的专业学习奠定基础、提供帮助。具体来说，希望本书可以帮助大家快速掌握网络爬虫方法，能够对数据进行结构化分析等。因此，在内容编排上，本书重在介绍数据获取、分析与建模，而没有过多地介绍 Python语法，也没有大篇幅地介绍编程技巧，对于这些内容，本书只做必要的基础性介绍。

　　当然，除了满足经管专业低年级学生的需求外，本书也适合需要获取数据进行分析，对 Python 应用感兴趣的其他专业学生，以及需要进行网络爬虫、数据结构化分析的各行业办公人士。

**如何阅读和使用本书**

本书以数据获取与分析为核心，从基础、方法到实践依次分为 4 篇，循序渐进，共 11 章：

第 1 篇为 Python 基础，一共 2 章。其中，第 1 章介绍 Python 的基本特点和相关软件的安装方法。第 2 章为 Python 编程基础，重点介绍 Python 基础语法、Python 数据结构、函数与面向对象编程等内容。

第 2 篇为 Python 数据分析基础，分别介绍 NumPy、Pandas 和 Matplotlib，一共 3 章。其中，第 3 章介绍 NumPy，包括数组操作、矩阵运算以及统计分析等内容。第 4 章介绍 Pandas，掌握 Series 和 DataFrame 对象操作，对数据进行清洗和分析。第 5 章介绍 Matplotlib———一个可视化工具包，主要内容包括常见的散点图、饼形图、折线图以及多个子图等的绘制。

第 3 篇为数据采集，介绍网络爬虫方法，一共 3 章。其中，第 6 章介绍网络爬虫基本原理、HTML 网页基础知识等。第 7 章介绍静态网页爬取方法，包括获取网页、解析内容和存储数据三个流程。第 8 章介绍动态网页爬取方法，主要介绍较为常用的 JavaScript 逆向解析网页和 Selenium 自动化工具的运用。

第 4 篇为大数据分析实践篇，介绍数据探索性分析、机器学习等内容，一共 3 章。其中，第 9 章为数据探索性分析。第 10 章介绍机器学习中的一些经典模型，包括聚类分析与回归预测分析等。第 11 章为自然语言处理，主要介绍自然语言处理常用方法与前沿进展。

本书每一章都配有相关案例，以提高实际动手操作、应用的能力。通过"基础+案例"的方法，有助于读者快速地掌握 Python 语言、网络爬虫等内容。建议读者们循序渐进地进行学习，当然，如果已经具备一定的基础，可以跳过第 1 篇和第 2 篇。对于课时较为有限的年级，也可以根据课程目的，适当删减一些内容，或者将机器学习和文本分析等内容作为选学部分。

本书 4 篇内容分别由何勤英教授、陈有华教授、文乐副教授和伍敬文老师撰写。在教材编写过程中，硕士生吴卓越、盛宇晖、由燕、肖戴敏、古珊珊和朱建恺同学在代码、案例分析等方面提供了许多帮助。此外，衷心感谢编辑部的辛勤付出。没有编辑们的专业指导和耐心协助，本书将无法如期面世。

　　鉴于水平有限，本书难免存在不足之处，恳请广大读者批评指正，并与我们联系。

编者

2024/02/19

# 目　录

## 第 1 篇　Python 基础

**第1章　Python 快速上手** ································· 3

1.1　Python 概述 ········································ 3

  1.1.1　为什么要学习 Python ························· 3

  1.1.2　Python 中常用的库 ························ 4

1.2　Python 与 PyCharm 的安装 ····················· 5

  1.2.1　Python 的安装 ···························· 5

  1.2.2　PyCharm 的安装 ·························· 8

1.3　本章小节 ·········································· 14

**第2章　Python 编程基础** ································· 15

2.1　Python 基础语法 ·································· 15

  2.1.1　数据类型 ································· 15

  2.1.2　变量 ···································· 19

  2.1.3　代码编写规则 ····························· 22

  2.1.4　条件语句 ································· 24

  2.1.5　循环语句 ································· 25

2.2　Python 的数据结构 ······························ 29

  2.2.1　列表 ···································· 30

2.2.2 元组 ······················································· 34

2.2.3 字典 ······················································· 36

2.2.4 集合 ······················································· 42

2.3 函数与面向对象编程 ············································· 46

2.3.1 Python 函数 ··············································· 46

2.3.2 面向对象编程 ·············································· 50

2.4 文件的读取及写入 ··············································· 54

2.4.1 文件的读取 ··············································· 55

2.4.2 文件的写入 ··············································· 56

2.5 综合应用 ······················································· 57

2.5.1 简单的学生成绩分析系统 ···································· 57

2.5.2 复杂的学生成绩管理系统 ···································· 58

2.6 本章小结 ······················································· 60

# 第 2 篇　Python 数据分析基础

第 3 章　NumPy 模块 ················································· 65

3.1 NumPy 简介 ····················································· 65

3.2 创建数组 ······················································· 66

3.2.1 创建简单的数组 ··········································· 66

3.2.2 不同方式创建数组 ········································· 68

3.2.3 生成随机数组 ············································· 70

3.2.4 从已有的数组中创建数组 ···································· 72

3.2.5 数组的运算 ··············································· 76

3.2.6 数组的索引和切片 ········································· 78

3.2.7 数组重塑以及对数组进行增删改查 ···························· 80

3.3 NumPy 矩阵的基本操作 ··········································· 82

3.4 利用 NumPy 进行统计分析 ········································· 85

3.4.1 与数学运算相关的函数 ······································ 85

3.4.2 统计分析函数 ············································· 87

3.5　本章小结 ……………………………………………………… 90

## 第 4 章　Pandas 统计分析 ………………………………………… 91

4.1　Pandas 简介 ……………………………………………… 91

4.2　Series 对象 ……………………………………………… 92

4.3　DataFrame 常用操作 …………………………………… 93

4.3.1　图解 DataFrame、创建对象 …………………… 93

4.3.2　DataFrame 重要属性和函数 …………………… 96

4.3.3　导入数据文件 …………………………………… 97

4.4　数据抽取 ………………………………………………… 101

4.4.1　抽取行数据 ……………………………………… 101

4.4.2　按指定条件抽取数据 …………………………… 102

4.5　数据的增删改查、数据清洗 …………………………… 103

4.5.1　增加数据 ………………………………………… 103

4.5.2　修改数据与删除数据 …………………………… 105

4.5.3　缺失值查看与处理 ……………………………… 107

4.5.4　异常值的检测与处理 …………………………… 109

4.6　关于索引 ………………………………………………… 110

4.6.1　索引的作用 ……………………………………… 110

4.6.2　重新设置索引 …………………………………… 111

4.7　数据排序与排名 ………………………………………… 113

4.7.1　数据排序 ………………………………………… 113

4.7.2　数据排名 ………………………………………… 115

4.8　本章小结 ………………………………………………… 117

## 第 5 章　Matplotlib 可视化数据分析图表 …………………… 119

5.1　数据分析图表简介 ……………………………………… 119

5.1.1　数据分析图表的作用 …………………………… 119

5.1.2　图表的基本组成 ………………………………… 119

5.1.3　Matplotlib 简介与安装 ………………………… 119

5.2　Matplotlib 绘图基础 …………………………………… 121

5.2.1 基本设置 ……………………………………… 121

5.2.2 图形的常用设置 ……………………………… 121

5.2.3 设置画布与子图 ……………………………… 122

5.3 常用图表的绘制：基础部分 …………………………… 125

5.3.1 绘制折线图 …………………………………… 125

5.3.2 绘制柱形图 …………………………………… 126

5.3.3 绘制直方图 …………………………………… 129

5.3.4 绘制饼形图 …………………………………… 130

5.3.5 绘制散点图 …………………………………… 133

5.5.6 绘制面积图 …………………………………… 134

5.3.7 绘制热力图 …………………………………… 136

5.3.8 绘制箱形图 …………………………………… 137

5.3.9 绘制 3D 图表 ………………………………… 139

5.3.10 绘制多个子图表 ……………………………… 142

5.3.11 图表的保存 …………………………………… 144

5.4 常用图表的绘制：高级部分 …………………………… 145

5.4.1 Seaborn 图表概述与安装 ……………………… 145

5.4.2 绘制核密度图（kdeplot（）函数） …………… 145

5.4.3 绘制提琴图（violinplot（）函数） …………… 146

5.5 本章小结 ……………………………………………… 146

# 第 3 篇　数据采集

第 6 章　网络爬虫基础 ………………………………………… 151

6.1 认识网络爬虫 ………………………………………… 151

6.1.1 什么是网络爬虫 ……………………………… 151

6.1.2 网络爬虫基本原理 …………………………… 153

6.1.3 网页爬取的伦理和法律问题 ………………… 154

6.2 网页结构分析 ………………………………………… 155

6.2.1 HTML 语言 …………………………………… 156

6.2.2　HTML 网页结构 ·················································· 156

6.2.3　HTML 的基本标签 ·············································· 159

6.2.4　制作简单网页 ···················································· 160

6.2.5　CSS 层叠样式表 ················································ 162

6.3　本章小结 ······························································· 163

**第 7 章　静态网页抓取** ··············································· 165

7.1　请求网页 ······························································· 165

7.1.1　查看网页源代码 ················································ 166

7.1.2　获取网页源代码 ················································ 167

7.1.3　构建请求头 ······················································ 168

7.1.4　使用 Cookies ··················································· 170

7.2　数据解析与提取 ······················································ 174

7.2.1　使用 BeautifulSoup 解析网页 ······························· 174

7.2.2　使用正则表达式解析网页 ······································ 182

7.3　将数据存入本地 ······················································ 185

7.3.1　存储数据到 txt 文件 ··········································· 185

7.3.2　存储数据到 CSV 文件 ········································· 187

7.4　典型案例 ······························································· 189

7.5　本章小结 ······························································· 193

**第 8 章　动态网页爬取** ··············································· 194

8.1　JavaScript 逆向解析方法 ············································ 194

8.1.1　什么是 JavaScript 逆向解析 ·································· 194

8.1.2　为什么需要 JavaScript 逆向解析 ····························· 195

8.1.3　JavaScript 逆向解析实例 ······································ 196

8.2　Selenium 自动化爬取网页 ··········································· 202

8.2.1　了解并安装 Selenium ·········································· 202

8.2.2　基本操作与核心功能 ··········································· 203

8.2.3　处理动态加载 ··················································· 210

8.3　示例：使用 Selenium 自动化爬取动态网页数据 ················ 213

8.3.1 背景和目的 ………………………………………………… 213

8.3.2 代码演示：爬取京东手机评论 ……………………… 213

8.4 本章小结 ………………………………………………… 217

# 第4篇 大数据分析实践

第9章 数据探索性分析 …………………………………………… 221

9.1 利用 Python 整理数据 ………………………………… 221

9.1.1 数据清洗 …………………………………………… 221

9.1.2 数据特征探索 ……………………………………… 228

9.1.3 数据转换 …………………………………………… 231

9.2 数据探索性分析实例 …………………………………… 237

9.2.1 描述性统计分析 …………………………………… 237

9.2.2 数据清洗 …………………………………………… 240

9.2.3 数据转换 …………………………………………… 247

9.2.4 数据可视化分析 …………………………………… 254

9.3 本章小结 ………………………………………………… 256

第10章 基于机器学习的数据分析 …………………………… 259

10.1 机器学习基本原理 …………………………………… 259

10.1.1 原理与主要应用方向 …………………………… 260

10.1.2 主要模型介绍 …………………………………… 260

10.1.3 主要思路和实现过程 …………………………… 261

10.2 回归分析 ……………………………………………… 265

10.2.1 基本概念 ………………………………………… 265

10.2.2 常用的回归分析方法 …………………………… 265

10.2.3 案例分析 ………………………………………… 268

10.3 分类算法分析 ………………………………………… 298

10.3.1 KNN 算法介绍 ………………………………… 299

10.3.2 案例分析 ………………………………………… 300

10.4 聚类分析 ················································ 302

   10.4.1 常用的聚类方法 ································ 302

   10.4.2 K-means 聚类 ································· 303

   10.4.3 案例分析 ······································ 304

10.5 本章小结 ················································ 309

**第 11 章 自然语言处理** ········································ 312

11.1 文本分析基本原理 ······································ 312

   11.1.1 基本原理 ······································ 312

   11.1.2 前沿进展 ······································ 313

11.2 自然语言处理常用算法 ·································· 314

   11.2.1 中文分词与结巴（Jieba）分词应用 ········ 314

   11.2.2 TF-IDF 算法 ·································· 319

   11.2.3 主题模型——LDA ···························· 321

   11.2.4 词向量——Word2Vec ······················· 324

   11.2.5 文本分类 ······································ 327

11.3 本章小结 ················································ 329

# 第 1 篇

## Python 基础

# 第 1 章　Python 快速上手

## 1.1　Python 概述

Python 是一种被广泛使用的解释型、通用型的高级编程语言，它以简洁的语法和易读易懂的代码而闻名，在本节中，我们将首先介绍为什么要学习 Python，其次介绍 Python 中一些常用的第三方库。

### 1.1.1　为什么要学习 Python

Python 编程语言由 Guido van Rossum 于 1989 年底和 1990 年初开发，最初的目标是创建一种易于阅读和编写的语言。1991 年，第一个 Python 版本发布，此后 Python 逐渐发展壮大。

由于 Python 简洁易懂的代码及其庞大的第三方库，Python 在许多领域都得到了运用，如 Web 开发、数据科学、人工智能和机器学习。例如，在 Web 开发领域，Python 的框架 Django 和 Flask 使开发人员能够轻松创建强大的网站和应用程序。以 Instagram 为例，它就是使用 Django 框架开发的。在数据科学和人工智能领域，Python 的数据分析库如 Pandas 和 NumPy 以及机器学习库如 Scikit-Learn 和 TensorFlow 使数据科学家和机器学习工程师能够进行复杂的数据分析及模型训练。例如，通过使用 Pandas 库，你可以轻松地处理和分析大量的数据，进行统计计算和可视化。此外，Python 还被广泛用于自动化任务。比如，你可以编写一个 Python 脚本来自动处理文件、发送电子邮件或者定时执行特定的操作。

Python 除功能强大外，其代码的简洁易懂还使我们容易学习、容易上手。首先，Python 的语法类似于自然语言，不需要过多的特殊字符和标点，降低了语法学习的难度。这使代码更易读、更易于理解。其次，Python 是一种动态类型语言，你无需在编写代码时声明变量的类型，减少了初学者在类型系统上的烦恼，让他们能够更专注于解决问题。此外，Python 内置了大量的第三方库，包含了常用的功能模块和函数，让初学者可以直接使用，而不必从零开始编写所有功能。

总而言之，正如 Bruce Eckel 所说，"Life is short, you need Python"。优雅、明确、简单便是 Python 的设计哲学，也是我们学习 Python 的理由。

### 1.1.2　Python 中常用的库

Python 社区的生态已经非常完备，为我们提供了很多高质量的第三方库，这时我们就可以采用"拿来主义"，减少重复"造轮子"的工作，学习这些优质的第三方库，让它们为我所用。接下来我们便简单介绍一下与大数据分析有关的 Python 常用的第三方库。

#### 1.1.2.1　NumPy

NumPy 代表着 "Numeric Python"，它由多维数组对象和用于处理这些数组的函数集合组成。在 NumPy 之前，还有一个名为 Numeric 的库，由 Jim Hugunin 开发。此外，Jim Hugunin 还开发了另一个包，叫作 Numarray，它提供了一些额外的功能。随后，Travis Oliphant 在 2005 年将 Numarray 的功能整合到 Numeric 包中，创造了 NumPy 包。这个开源项目得到了众多爱好者的参与和贡献。这个过程使 NumPy 成为了一个功能强大、广泛应用的数学和科学计算工具。

但 Numpy 其实被定位为数学基础库，是许多其他科学计算和数据分析库的基础，如 Pandas、scikit-learn 等，下面将对它们进行简要的介绍。

#### 1.1.2.2　Pandas

Pandas 的全称为 Python Data Analysis Library，是基于 NumPy 的一种工具，Pandas 纳入了大量库和一些标准的数据模型，提供了高效的操作大型数据集所需的工具。

Pandas 最初由 AQR Captal Management 于 2008 年 4 月开发，并于 2009 年底开源，最初作为金融数据分析工具而被开发出来，因此，Pandas 为时间序列分析提供了很好的支持。

Pandas 提供了大量能使我们快速便捷地处理数据的函数和方法，它是使 Python 成为强大而高效的数据分析工具的重要因素之一。Pandas 库是统计科学家在分析数据时的理想工具，非常适合数据清洗、分析和建模。

### 1.1.2.3　scikit-learn

机器学习是当前的研究热点，Python 在此领域应用甚广，scikit-learn 更是其中的佼佼者。scikit-learn 构建于 NumPy 与 Scipy 之上，提供了丰富的工具和算法，用于各种机器学习任务，如分类、回归、聚类、降维、模型选择等。scikit-learn 致力于提供简单、一致且易于使用的 API，使机器学习任务能够更加方便和高效地完成。

除了上文提及的几个常用的第三方库，Python 还提供了一些其他实用的第三方库，如绘图用的 Matplotlib、Seaborn，数据抓取用的 Request、Selenium，以及用于自然语言处理的 NLTK 等。

## 1.2　Python 与 PyCharm 的安装

### 1.2.1　Python 的安装

作为一款开源软件，Python 的安装非常简单，可以直接从官方网站（https：//www. Python. org/）下载 Python 的安装程序，官网上提供了不同操作系统上的 Python 安装包。对于 Windows 和 Linux，我们可以分别下载已经编译好的版本，然后在操作系统里运行安装即可，而对于 UNIX、Mac OSX 则需要下载其源码安装包进行解压安装。

因为 Windows 系统的使用者占大多数，所以这里给出 Windows 系统下的详细安装步骤：

（1）打开 https：//www. Python. org/，悬浮在"Download"上，在其下拉栏中点击"Windows"。具体如图 1-1 所示。

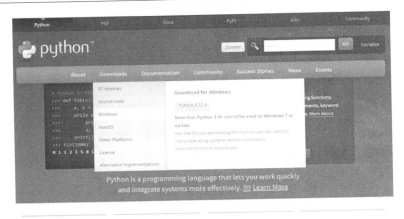

图 1-1　安装示意图（1）

（2）这里我们选择安装左边的"Stable Releases"，意思是稳定版本，是指已经经过充分测试并被认为适用于生产环境的软件版本。它们通常被标记为没有任何已知重大错误或安全漏洞的最新版本。这些版本适用于一般用途，并且对于认为稳定性和可靠性优先于最新功能的用户来说是最佳选择。具体如图 1-2 所示。

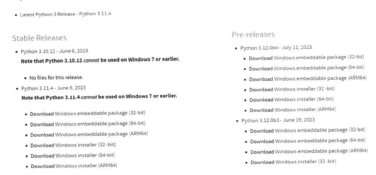

图 1-2　安装示意图（2）

（3）而在"Stable Releases"中，我们选择安装最新的 3. 11. 4 版本，需要注意的是，我们需要根据自己的操作系统选择安装 32 位或者 64 位的版本，抑或是 ARM64 的版本，ARM64 指为使用 ARM64 架构的设备（如 Surface Pro X）构建的 Windows 安装程序。这是一种特殊的版本，专为 ARM64 设备而设计，因此可以在这些设备上安装 Windows 操作系统。而操作系统的属性，我们可以从控制面板中的"系统—系统信息"中得知。具体如图 1-3 所示。

**图 1-3　安装示意图（3）**

（4）这里以 64 位版本为例，我们下载了 Python-3.11.4-amd64.exe。直接双击安装文件，在首页中勾选"Add Python.exe to PATH"复选框，这样安装后就不需要再设置 Python 的执行路径了。

（5）之后点击"Install Now"（见图 1-4）进行安装，安装速度很快，我们不需要做任何操作。

**图 1-4　安装示意图（4）**

### 1.2.2 PyCharm 的安装

打开 IDLE（Python 3.11 64-bit）我们发现，Python 的集成开发环境并不是那么的方便，于是我们可以选择下载 PyCharm 以让我们尽可能快捷、舒适、清晰地浏览、输入、修改代码。它的语法着色、错误提醒、代码折叠、自动完成等功能都能大大方便我们的学习、使用。

（1）Pycharm 的官网下载地址是 https：//www.jetbrains.com/pycharm/download/，打开后我们发现有两个版本，一个是 Professional 版（见图 1-5），另一个是 Community 版（见图 1-6），即专业版（收费）和社区版（免费）。

图 1-5　安装示意图（5）

图 1-6　安装示意图（6）

（2）作为初学者，我们下载 Community 版即可。

（3）找到你下载 PyCharm 的路径，双击 .exe 文件进行安装，之后的界面如图 1-7 所示。

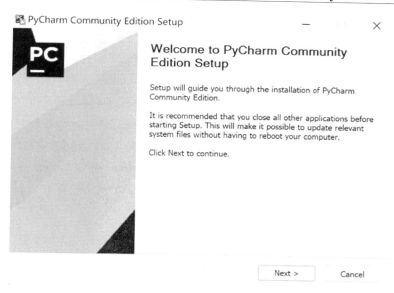

图 1-7　安装示意图（7）

（4）点击"Next"后，我们进入选择安装路径页面（尽量不要选择带中文和空格的目录）选择好路径后，点击"Next"进行下一步。具体如图 1-8 所示。

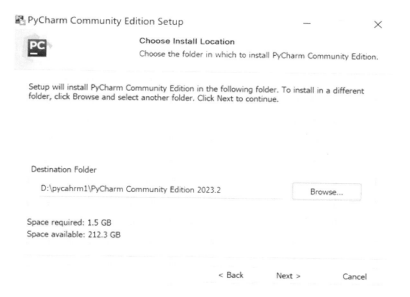

图 1-8　安装示意图（8）

（5）进入"Installation Options"（安装选项）页面，全部勾选上，点击Next。具体如图 1-9 所示。

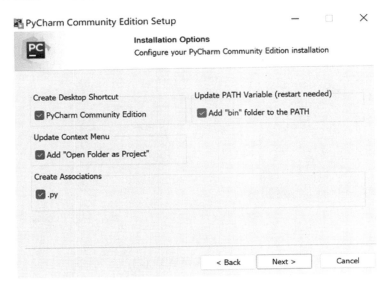

图 1-9　安装示意图（9）

（6）进入"Choose Start Menu Folder"页面，直接点击"Install"进行安装。具体如图 1-10 所示。

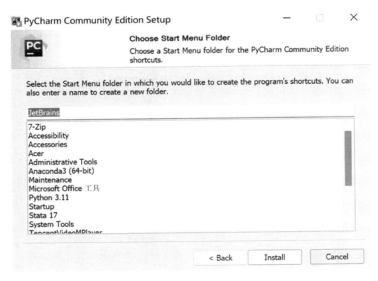

图 1-10　安装示意图（10）

（7）等待安装完成后出现如图 1-11 所示的界面，我们点击"Finish"完成安装。

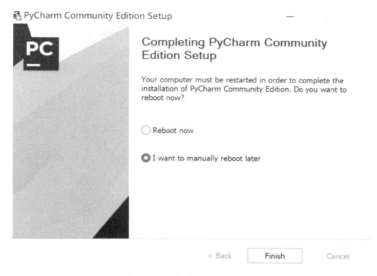

图 1-11　安装示意图（11）

（8）双击桌面上的 PyCharm 图标，进入 PyCharm 中，之后我们勾选"I con-firm"框后，点击"Continue"。具体如图 1-12 所示。

**JETBRAINS COMMUNITY EDITION TERMS**

IMPORTANT! READ CAREFULLY:

THESE TERMS APPLY TO THE JETBRAINS INTEGRATED DEVELOPMENT ENVIRONMENT TOOLS CALLED 'INTELLIJ IDEA COMMUNITY EDITION' AND 'PYCHARM COMMUNITY EDITION' (SUCH TOOLS, "COMMUNITY EDITION" PRODUCTS) WHICH CONSIST OF 1) OPEN SOURCE SOFTWARE SUBJECT TO THE APACHE 2.0 LICENSE (AVAILABLE HERE: https://www.apache.org/licenses/LICENSE-2.0), AND 2) JETBRAINS PROPRIETARY SOFTWARE PLUGINS PROVIDED IN FREE-OF-CHARGE VERSIONS WHICH ARE SUBJECT TO TERMS DETAILED HERE: https://www.jetbrains.com/legal/community-bundled-plugins.

"JetBrains" or "we" means JetBrains s.r.o., with its principal place of business at Na Hrebenech II 1718/10, Prague, 14000, Czech Republic, registered in the Commercial

☑ I confirm that I have read and accept the terms of this User Agreement

Exit　　Continue

图 1-12　安装示意图（12）

（9）现在进入创建项目界面，我们选择"New Project"新建项目。具体如图 1-13 所示。

图 1-13　安装示意图（13）

（10）之后我们可以修改"Location"（项目目录路径），选择"interpreter"（解释器），即我们刚刚安装 Python 的地址，点击"create"之后我们就可以正式开始对 PyCharm 的使用了。具体如图 1-14 所示。

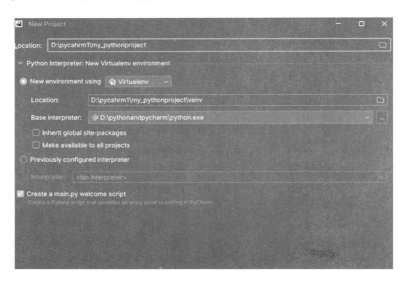

图 1-14　安装示意图（14）

（11）创建 .py 文件，选择项目点击"New→Python File"，然后输入文件名 test。具体如图 1-15 所示。

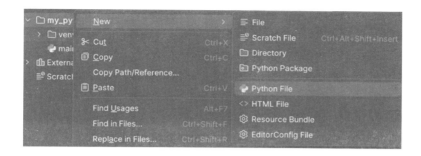

图 1-15　安装示意图（15）

（12）写入代码，右键选择"Run'test'"。具体如图 1-16 所示。

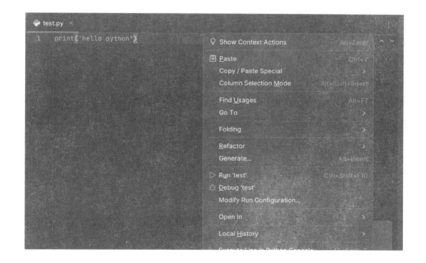

图 1-16　安装示意图（16）

（13）看见输出"hello Python"[1]，到这里 PyCharm 就安装好了。

---

[1]　网页中为 hello python。

# 1.3　本章小结

　　本章我们重点介绍了 Python 以及 PyCharm 的安装过程。然而，除了 PyC-harm，还存在许多其他优秀的编译器，如 Spyder 和 Jupyter Notebook。每个编译器都有其独特的优点和局限性。尽管我们在本章中专注于 PyCharm 的安装，但我们强烈鼓励大家尝试使用不同的编译器，以便找到最适合个人使用习惯的工具。

# 第 2 章　Python 编程基础

学习一门语言，最基础的就是语法，一般就是语法规则、流程控制、数据类型等。学习过其他语言的读者，可以在本章看看 Python 语言与其他语言的区别；没有学习过其他语言的读者，则需要在本章加强代码的练习。

## 2.1　Python 基础语法

本节主要介绍 Python 的基础语法，首先是程序编写中的字词句，主要包括基本数据类型、变量和常量；其次是行文的规则，即语法规则，主要包括变量定义和标识符命名规则以及流程控制等。这些都是程序设计的基础，读者只有熟练掌握后，才能在后续的学习中得心应手。

### 2.1.1　数据类型

数据类型是编程的基石。数据类型在编程中至关重要，它们为计算机提供了处理和存储数据的规则和结构。数据类型决定了数据在内存中的表示方式、占用空间以及可进行的操作，从而实现了内存管理、数据操作、类型检查、代码可读、优化和减少错误等功能。通过明确的数据类型，编程语言可以在编译或运行时检查代码中的错误，优化代码执行，保障代码的可维护性，以及确保数据在不同部分之间正确传递和处理。

中国有一句很著名的俗语，即"杀鸡焉用牛刀"。我们不妨以"杀鸡刀"和"杀牛刀"指代不同的数据类型，以加深我们对上述内容的理解。"杀鸡刀"和

"杀牛刀"虽然都是刀，但是属于不同的类型，具备不同的功能，如果两者混用，要么出现"大材小用"的情况，要么出现"不堪使用"的情况，由此可以看出，正是有了不同类型的划分，才能根据不同的类型进行不同的操作，做到"各司其职"。除此之外，有了刀，还要为刀配备"刀套"，那么不同的刀，就会有不同的"刀套"。如果把"杀鸡刀"放到"杀牛刀"的"刀套"里，势必造成空间的浪费，即内存的浪费；而把"杀牛刀"放到"杀鸡刀"的"刀套"里，又肯定放不下。当然，在必要时，我们可以选择转换数据类型，把"杀牛刀"打磨成"杀鸡刀"。

而 Python 语言标准的数据类型有基本数据类型和组合数据类型（数据结构）两种，其中，基本数据类型包括数值类型、字符串类型和布尔型，组合数据类型（数据结构）包括列表、元组、字典和集合。接下来，我们将介绍基本的数据类型，关于组合数据类型（数据结构）的内容将在后续章节提及。当然，除了这些标准的数据类型外，Python 还有着自定义的数据类型，这就是后文中将会提到的面向对象编程中的类（Class）。而我们不清楚数据的数据类型时，可以使用 type( ) 函数进行判断。

### 2.1.1.1 数值型（Number）

常用的数值型包括 int（整型）、float（浮点型）、complex（复数型）等。

（1）int（整型）。整型是带正负号的整数数据。在 Python 3. x 中，没有整型与长整型之分，即对整型没有长度限制，只要内存允许，其取值范围几乎涵盖了所有整数，为数据计算带来了极大的便利。Python 支持标准的整数表示方式，包括十进制、二进制、八进制和十六进制。以下是 Python 中整型的表示方式示例：

· 十进制表示：十进制是最常用的整数表示方式，直接使用数字表示即可，如 decimal_integer = 42。

· 二进制表示：二进制整数由数字 0 和 1 组成，以 0b 或 0B 开头，后面跟着一串二进制数字，如 binary_integer = 0b1010#表示十进制的 10。

· 八进制表示：八进制整数由数字 0~7 组成，以 0o 或 0O 开头，后面跟着一串八进制数字，如 octal_integer = 0o52#表示十进制的 42。

· 十六进制表示：十六进制整数由数字 0~9 以及 A~F 组成，以 0x 或 0X 开头，后面跟着一串十六进制数字，如 hexadecimal_integer = 0x2A#表示十进制的 42。

（2）float（浮点型）。浮点型用于表示带有小数部分的数值，是一种常用的数据类型。浮点数通常用于表示实数，包括分数、小数等。Python 使用 IEEE754 标准来表示浮点数，这是一种在计算机中表示浮点数的常用方式。需要注意的是，浮点数的精度是有限的，这是由于计算机使用有限的二进制位来表示浮点数。在某些情况下，浮点数的精度可能会导致舍入误差。因此，在比较浮点数时，应该使用近似相等的方法，而不是直接用等号比较。Python 支持浮点型的表示方式，包括十进制小数形式和科学计数形式，具体如下所示：

· 十进制小数形式：浮点型可以使用小数点来表示，小数点前后的数字组成了浮点数的整数部分和小数部分，如 decimal_float = 3. 14。

· 科学记数形式：浮点型还可以使用科学记数法表示，使用字母"e"或"E"表示指数部分。它使表示非常大或非常小的浮点数变得更加方便，它将浮点数分解为一个尾数和一个指数的乘积，有助于减少大数值和小数值的位数，如 scientific_float = 2. 5e3#表示 2. 5 * 10^3。

（3） complex（复数型）。复数是一种特殊的数据类型，用于表示具有实部和虚部的数值。复数在数学和工程领域非常常见，用于描述一些无法用实数表示的量。Python 中的复数数据类型允许你直接操作和计算复数数值。由于复数由实部和虚部组成，因此我们可以使用后缀"j"或"J"来表示虚部，也可以使用内置的 complex( )函数来创建复数。如下所示：

```
complex_num1 = 3+4j
complex_num2 = 2−1j
complex_num3 = complex(1,2)    #  实部为 1,虚部为 2
```

2. 1. 1. 2　布尔型（Boolean）

在 Python 中，布尔型（Boolean）是一种基本的数据类型，用于表示逻辑值，即真（True）或假（False）。布尔型数据通常用于条件判断和逻辑运算，帮助程序根据不同的条件来做出决策。以下是对 Python 中布尔型的简要介绍以及示例：

表示方式：布尔型只有两个值，即 True 和 False。注意，首字母必须大写，且不带引号。如下所示：

```
is_sunny = True
is_raining = False
```

布尔运算：布尔型数据支持逻辑运算，如与（and）、或（or）、非（not）

等。如下所示：

```
x = True
y = False
result_and = x and y    # 与运算,结果为 False
result_or = x or y      # 或运算,结果为 True
result_not = not x      # 非运算,结果为 False
```

需要特别注意的是，由于布尔型的真（True）或假（False）也能分别对应数字 1 和 0，因此严格意义上来说，布尔型也属于前面讲到的数值型。在 Python 中，任何非 0 和非 null 的情况都可被视为 True，0 或者 null 则为 False。

### 2.1.1.3　字符串型（String）

字符串型（String）是一种用于表示文本或字符序列的数据类型。字符串在编程中广泛应用于存储和处理文本数据，如文本处理、字符串拼接、格式化输出等。字符串可以使用单引号（''）或双引号（""）来包裹需要的字符串。此外，为了处理包含引号的字符串，也可以在字符串中使用反斜杠（\）来转义引号。如下所示：

```
str1 = 'Hello,world!'
str2 = "Python is fun. "
str3 = "He said,\"Hello! \""
```

而如果我们要表示多行文本，我们可以使用三个单引号（'''）或三个双引号（""""""）来包围字符串。如下所示：

```
multiline_str = '''This is a multi-line string. '''
```

我们还可以使用加号（+）来拼接字符串，或者将多个字符串写在一起，Python 会自动拼接。甚至运用"＊n"操作表示前面的字符串被重复了 n 次。如下所示：

```
name = "Alice "
greeting = "Hello, "+name+"! "
my3 = "my " * 3
```

我们还可以使用字符串的 format()函数来进行字符串格式化，用花括号表示

占位符。如下所示:

```
age = 30
message = "I am {} years old.".format(age)
```

除上述操作外,Python 还提供了丰富的字符串函数,用于处理、操作和分析字符串。例如,len( )获取字符串长度、upper( )将字符串转换为大写、lower( )将字符串转换为小写等。如下所示:

```
text = "Python is fun "
length = len(text)
upper_case = text.upper()
lower_case = text.lower()
```

### 2.1.2　变量

计算机在临时存储程序、数据和运行中的任务时必须将其装入内存中。内存分为不同的单元,每个单元称为一个字节(Byte),每个字节都有一个唯一的地址。有了地址,程序和操作系统便可以使用内存地址来定位和访问存储在内存中的数据。但是内存地址是烦琐的、不易记忆的,因此在高级语言中通常采用变量来描述该内存单元及其存储的数据。变量名对应的就是内存单元的地址,变量实际上就是一个关联了内存地址的名称,你可以通过变量名来访问和操作存储在内存中的数据。

综合而言,当你在编程中创建一个变量时,计算机会为这个变量分配一块内存,并将变量名与内存地址关联起来。这样,你可以使用变量名来引用这块内存,读取和修改其中存储的数据。变量在计算机内存中的内存地址允许程序在需要时定位和访问这些数据。所以,变量实际上是一个易于记忆和使用的名称,用来引用计算机内存中的数据。

通过变量,我们可以让数据在不同的上下文中进行传递、操作和处理。接下来介绍 Python 中变量的一些重要特点和用法。

#### 2.1.2.1　变量命名

Python 变量名需要遵循一些命名规则和规定,以确保代码的可读性和一致性。一般来说,变量名可以包含字母(大小写敏感)、数字和下划线,但必须以字母或下划线开头。此外,变量名不能是 Python 的关键字(保留字)。

· 大小写区分：Python 是大小写敏感的，因此变量名 count 和 Count 被视为不同的变量。

· 命名规范：根据 PEP8 （Python Enhancement Proposal 8），Python 社区提供了一些命名约定，以增加代码的可读性。例如，变量名通常使用小写字母，多个单词之间可以使用下划线分隔（下划线命名法），如 user_name。这有助于提高代码的清晰度和可维护性。

· 具有描述性：变量名应具有描述性，能够清晰地表示变量存储的内容。好的变量名可以使代码更易于理解和维护。

· 避免单字符变量：尽量避免使用单个字母作为变量名，除非在循环变量等特定情况中。使用具有描述性的名称可以提高代码的可读性。

· 驼峰命名法：在变量名中，还可以使用驼峰命名法，其中，每个单词的首字母大写，没有下划线。这种命名法通常用于类名或函数名，如 MyClass 或 calculateTotal。

· 预约用途：某些名称在 Python 中具有特殊含义，如内置函数名（如 print、len 等）和标准库模块名。避免使用这些名称作为变量名，以免产生不必要的混淆。如下所示：

```
age = 25
name = "Alice "
total_amount = 100.50
is_valid = True
```

### 2.1.2.2 变量赋值

在 Python 中，变量赋值是将一个值或对象与一个变量关联起来的过程。通过赋值，你可以将数据存储在内存中，并使用变量名来引用这些数据。Python 使用等号（=）来执行变量赋值操作，并不需要事先声明变量名和类型。以下是关于 Python 中变量赋值的详细说明：

· 基本赋值：赋值语句的一般形式是将变量名放在等号的左侧，将要赋给变量的值或对象放在等号的右侧，如 y = "Hello "。

· 多个赋值：我们也可以同时为多个变量赋值，用逗号分隔变量名和值。如下所示：

```
a,b,c = 1,2,3    # 分别赋值给变量 a,b 和 c
```

· 　链式赋值:我们还可以使用相同的值为多个变量赋值,创建它们之间的关联。如下所示:

```
x = y = z = 0    # 将值 0 赋给变量 x,y 和 z
```

交换变量值:使用变量赋值可以交换两个变量的值,不需要额外的临时变量。如下所示:

```
a = 5
b = 10
a,b = b,a    # 交换 a 和 b 的值
```

· 　动态类型:Python 是一种动态类型语言,这意味着变量的数据类型是在运行时确定的。你可以将不同类型的值赋给同一个变量。如下所示:

```
x = 5
print( x )    # 输出:5
x = "Hello "
print( x )    # 输出:Hello
```

### 2.1.2.3　其他运用

· 　变量引用:变量可以在程序中被引用,使你可以多次使用相同的值。当变量被引用时,实际上是在引用存储在内存中的数据。如下所示:

```
message = "Welcome! "
print( message )    # 输出:Welcome!
```

· 　变量的应用:变量在编程中非常重要,它们用于存储和传递数据、进行计算、控制程序流程等。使用变量可以使代码更具可读性和可维护性,同时也方便了数据的处理和操作。如下所示:

```
width = 10
height = 5
area = width * height
print( "Area:", area )    # 输出:Area:50
```

### 2.1.3 代码编写规则

在编写 Python 代码的时候要遵循 Python 的编码规范，这是保持代码清晰、可读和可维护的关键。

#### 2.1.3.1 缩进

Python 程序通过代码块的缩进区分代码的层次，缩进结束标志着一个代码块的结束。通常，Python 使用 4 个空格作为缩进标准，不使用制表符 Tab。同一级别代码的缩进量必须相同。我们以计算阶乘的函数为例：

错误的缩进：

```
def factorial_wrong(n):
result = 1
for i in range(1,n+1):
result * = i
return result
```

正确的缩进：

```
def factorial_correct(n):
    result = 1
    for i in range(1,n+1):
        result * = i
    return result
```

在这个例子中，factorial_wrong() 函数的缩进错误导致代码逻辑混乱。函数体和循环没有正确缩进，导致它们不在同一个代码块中。这会导致 Python 解释器无法识别函数的定义，从而报错或出现逻辑错误。因此，函数的结果将是不正确的。

而 factorial_correct() 函数则正确地使用了缩进，确保函数体和循环位于同一个代码块中。这样，return 语句会在整个循环结束后执行，得到正确的阶乘结果。

#### 2.1.3.2 注释

在 Python 中，注释是用来在代码中添加解释、说明或备注的文本。注释对于我们理解代码的用途和逻辑非常重要。Python 支持单行注释和多行注释。

单行注释：单行注释以#符号开头，从#开始直到该行结束的所有内容都被视为注释，不会被 Python 解释器执行。如下所示：

```
# 这是一个单行注释
print( "Hello,world!" )    # 这是在代码后的单行注释
```

多行注释：多行注释也称为文档字符串（Docstring），用三个单引号或双引号括起来的多行字符串会被解释器视为注释。多行注释通常用于对函数、类、模块等进行文档说明。如下所示：

```
"""
这是一个多行注释,也可以用于文档字符串。
在这里可以添加多行的解释和说明。
"""
def add( a,b) :
    """这是一个函数的文档字符串。
    该函数返回两个数的和。
    """
    return a+b
```

### 2.1.3.3　使用空格

通过在操作符两侧添加空格，可以使代码的结构更清晰，操作的优先级更易于理解。这种规范可以帮助其他人阅读和理解你的代码，并减少可能的歧义。虽然在一些情况下空格可能看起来不是很重要，但它确实有助于提高代码的可读性和可维护性。

### 2.1.3.4　导入模块

导入模块是指在一个 Python 脚本中引入其他模块的过程，从而可以使用模块中定义的功能。在导入模块时，import 语句应该放在文件头部，每个 import 语句只导入一个模块。

使用 import 关键字来导入一个模块，语法为：import pandas。

如果要导入模块中的特定函数、类或变量，可以使用 from……import……语法，如 from pandas import DataFrame。

### 2.1.4 条件语句

在生活中，经常会根据不同条件来决定做不同的事情。比如，如果明天天晴就去野营，下雨就在家看电影；如果孩子考试得了满分，奖励他去旅游，没有及格，周末就学习等。这种需要根据不同情况采取不同的操作的应用场景，就需要我们用到条件语句。具体如图 2-1 所示。

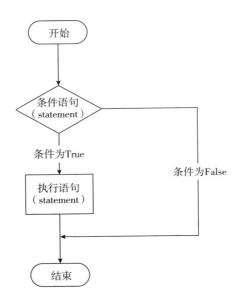

**图 2-1　条件语句**

在 Python 中，最常见的条件语句是 if 语句，它允许我们根据某个条件的真假来执行不同的代码块。

```
if condition：
    # 如果条件为真,则执行这里的代码
else：
    # 如果条件为假,则执行这里的代码
```

例如，我们可以运用条件语句判断数字的奇偶性：

```
num = int(input("请输入一个数字:"))
if num % 2 == 0:
    print("这是一个偶数")
else:
    print("这是一个奇数")
```

此外，我们还可以使用 elif 子句来添加多个条件判断:

```
if condition1:
    # 如果条件 1 为真,则执行这里的代码
elif condition2:
    # 如果条件 2 为真,则执行这里的代码
else:
    # 如果以上条件都为假,则执行这里的代码
```

例如，我们可以运用 elif 子句判断三角形的类型:

```
a = float(input("请输入第一条边长:"))
b = float(input("请输入第二条边长:"))
c = float(input("请输入第三条边长:"))
if a+b>c and a+c>b and b+c>a:
    if a == b == c:
        print("等边三角形")
    elif a == b or a == c or b == c:
        print("等腰三角形")
    else:
        print("普通三角形")
else:
    print("不是三角形")
```

## 2.1.5　循环语句

在有些情况下，我们还会重复做一些有规律的事。比如，我们想输出列表中的元素，之后再根据这些元素做一些事情；或者我们想输入银行卡的密码，连续

错误三次则会锁卡。这时候我们就需要利用循环语句。

循环语句的特点是，在给定条件成立时，重复执行统一程序段。通常，我们称给定条件为"循环条件"，称反复执行的程序段为"循环体"。循环体可以是单个语句，也可以是复合语句。循环体中也可以包含循环语句，实现循环的嵌套。具体如图 2-2 所示。

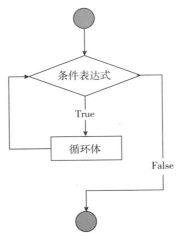

**图 2-2　循环语句**

Python 提供了两种主要的循环语句：for 循环和 while 循环。下面详细解析这两种循环语句的使用及其特点。

2.1.5.1　for 循环

for 循环用于遍历一个可迭代对象（如列表、元组、字符串等），对其中的每个元素执行一组代码块。

```
for element in iterable：
    # 代码块
```

例如，我们可以根据 for 循环计算列表元素的平方和：

```
numbers=[1,2,3,4,5]
sum_of_squares=0
for num in numbers：
    sum_of_squares += num ** 2
print("平方和：",sum_of_squares)
```

这里介绍一个比较实用的函数——range( )，它往往与 for 循环搭配使用。它用于生成一个指定范围的数字序列，常用于 for 循环中进行迭代。range( )函数有三种形式：

（1） range(stop)：生成从 0 开始到 stop-1 的整数序列。

（2） range(start，stop)：生成从 start 开始到 stop-1 的整数序列。

（3） range(start，stop，step)：生成从 start 开始到 stop-1 的整数序列，步长为 step。

range( )函数在循环中非常实用，可以帮助你生成适当范围的迭代值，用于处理各种迭代任务，如遍历序列、重复操作等。需要注意的是，range( )生成的范围是左闭右开区间，即包含起始值但不包含结束值。例如，我们可以运用 range( )函数与 for 循环制作乘法表：

```
for i in range(1,10):
    for j in range(1,10):
        product=i*j
        print(f"{i}x{j}={product}")
```

### 2.1.5.2　while 循环

while 循环用于在条件为真时重复执行一组代码块，直到条件变为假为止。

```
while condition:
    # 代码块
```

例如，我们可以利用 while 循环计算斐波那契数列：

```
a,b=0,1
fibonacci_series=[]
while a<100:
    fibonacci_series.append(a)
    a,b=b,a+b
print("斐波那契数列:",fibonacci_series)
```

### 2.1.5.3　break 和 continue 语句

有时候，我们想摆脱这种周而复始的循环，希望在满足某些条件时，跳出 for 循环或 while 循环，这时就需要借助 break、continue 等语句。它们都是用来控制程序流程转向的，但在执行细节上有所区别。

  break 语句用于立即终止当前所在的循环，无论循环条件是否仍然为真。一旦执行了 break 语句，程序将跳出循环，继续执行循环之后的代码。这就好比在操场上跑步，原计划跑 10 圈，可是当跑到第 2 圈的时候，突然想起有急事要办，于是果断停止跑步并离开操场。如下所示：

```
sum = 0
for i in range(1,10):
    if i % 3 == 0:
        break
    else:
        sum = sum+i
print("break 下的输出结果为:",sum)
# break 下的输出结果为: 27
```

  continue 语句用于跳过当前迭代的剩余代码，继续下一次迭代。一旦执行了 continue 语句，程序将直接跳到下一次循环的开始。仍然以在操场跑步为例，原计划跑 10 圈，但当跑到 2 圈半的时候突然接到一个电话，此时停止了跑步，当挂断电话后，并没有继续跑剩下的半圈，而是直接从第 3 圈开始跑。如下所示：

```
sum = 0
for i in range(1,10):
    if i % 3 == 0:
        continue
    else:
        sum = sum+i
print("continue 下的输出结果为:",sum)
# continue 下的输出结果为: 27
```

## 2.2　Python 的数据结构

在前文中，我们介绍了 Python 中基本的数据类型，如数值型、字符串型等。然而在实际应用中，我们经常需要处理多个有关联的复杂数据，仅使用基本数据类型无法满足要求，此时就需要复合数据类型（数据结构）了。

简而言之，数据结构由基本数据类型组合而成，用于存储和组织多个值。例如，一个列表可以包含多个整数、字符串等基本数据类型的元素。数据结构提供了更高层次的抽象，帮助我们更有效地组织和处理数据。

Python 中的绝大部分数据结构可以被最终分解为三种类型：序列（Sequence）、映射（Mapping）、集合（Set）。

序列（Sequence）是一种基本的数据结构，用于存储一系列有序的元素。序列中的每个元素都有一个唯一的索引（index），可以通过索引来访问和操作序列中的元素。Python 中的序列包括字符串、列表、元组等，它们都共享相似的操作和特性。需要注意的是，索引值的编码并不是从 1 开始，而是从 0 开始编号，持续递增，即下标为 0 表示第一个元素，下标为 1 表示第二个元素，以此类推。

正数索引如图 2-3 所示。

图 2-3　正数索引

负数索引如图 2-4 所示。

| 元素1 | 元素2 | 元素3 | …… | 元素n-1 | 元素n |
|---|---|---|---|---|---|
| −n | −(n−1) | −(n−2) | …… | −2 | −1 ← 索引（下标） |

图 2-4　负数索引

映射（Mapping）是一种数据结构，用于存储键—值（key-value）对之间的关联关系。映射提供了一种快速查找和检索值的方法，可以通过键来访问与之相关联的值。例如，在生活中可以根据一个人的身份证号、驾驶证号等知道这个人的名字、年龄、性别等信息，这就被称为一对多的映射，而大部分的映射通常是一对一的关系。Python 中内置了一个映射类型，即字典（Dictionary），它是最常用的映射数据结构。

集合（Set）与数学中的集合概念一致，是一种无序、不重复的数据结构，用于存储多个唯一的元素。集合的主要特点是不允许重复元素，这使它在处理具有唯一性元素的情况下非常有用。

为方便大家理解，接下来我们分别介绍列表、元组、字典、集合的使用。

### 2.2.1 列表

列表（List）是一种有序、可变的数据结构，用于存储一系列元素。列表允许包含不同类型的元素，可以通过索引来访问、添加、修改和删除元素。列表的所有元素放在一对方括号［］中，相邻元素之间用逗号分隔。

#### 2.2.1.1 列表的创建

（1）直接赋值。使用等号直接将一个列表赋值给变量即可创建一个列表。如下所示：

```
fruits = ["apple","banana","cherry"]
```

（2）使用 list()函数创建。使用 list()函数可以将字符串、元组、字典、集合等数据类型的数据转换成列表。如下所示：

```
species = list(("Cat","Mouse","Mouse","Dog"))
```

#### 2.2.1.2 访问和修改列表元素

我们可以使用索引直接访问列表元素，格式为：列表名［索引］。如果指定的索引不存在，则会出现下标越界错误。此外，我们还可以通过制定索引对相应元素进行赋值修改。如下所示：

```
fruits = ["apple","banana","cherry"]
# 访问元素
print(fruits[0])    # 输出:apple
# 修改元素 fruits[1] = "orange"
print(fruits)    # 输出:['apple', 'orange', 'cherry']
```

2.2.1.3　列表切片

列表切片是一种在 Python 中处理列表的强大技术，它允许我们从一个列表中提取出一个子列表，通过指定起始索引、结束索引和步长来控制切片的范围和取值间隔。列表切片在处理大量数据时非常有用，可以提取、处理和操作列表中的子集。

基本语法如下：

$sublist = original\_list[start:end:step]$

start：切片的起始索引（包含在切片中）。

end：切片的结束索引（不包含在切片中）。

step：切片的步长，表示取值间隔。

代码如下：

```python
fruits = ["apple", "banana", "cherry", "date", "elderberry", "fig"]
# 提取从索引 1 到索引 3 的子列表
sublist1 = fruits[1:4]    # ['banana', 'cherry', 'date']
# 从索引 2 开始到列表末尾的子列表
sublist2 = fruits[2:]    # ['cherry', 'date', 'elderberry', 'fig']
# 从列表开头到索引 4(不包含)的子列表
sublist3 = fruits[:4]    # ['apple', 'banana', 'cherry', 'date']
# 每隔一个元素取一个子列表
sublist4 = fruits[::2]    # ['apple', 'cherry', 'elderberry']
# 反向切片
sublist5 = fruits[::-1]    # ['fig', 'elderberry', 'date', 'cherry', 'banana', 'apple']
```

注意事项：

（1）切片操作返回一个新的列表，原始列表不会被修改。

（2）如果省略 start，默认为列表的开头。

（3）如果省略 end，默认为列表的末尾。

（4）如果省略 step，默认为 1。

（5）负数索引表示从列表末尾开始计数，$-1$ 表示最后一个元素。

2.2.1.4　添加列表元素

在 Python 中，我们可以使用不同的方法在列表中添加新的元素。增添列表元素是一种常见的操作，可以帮助我们动态地扩展列表的大小并添加新的数据。接下来，介绍几种常用的方法：

（1）使用 append( )方法。append( )方法用于在列表的末尾添加一个新的元素。如下所示：

```
fruits=["apple","banana","cherry"]
fruits.append("orange")
print(fruits)    # 输出:['apple','banana','cherry','orange']
```

（2）使用 insert( )方法。insert( )方法允许我们在指定的索引位置插入一个新的元素。如下所示：

```
fruits=["apple","banana","cherry"]
fruits.insert(1,"orange")    # 在索引 1 处插入元素
print(fruits)    # 输出:['apple','orange','banana','cherry']
```

（3）使用 extend( )方法。extend( )方法可以用来将另一个列表的元素添加到当前列表末尾。如下所示：

```
fruits=["apple","banana","cherry"]
more_fruits=["orange","grape","kiwi"]
fruits.extend(more_fruits)
print(fruits)    # 输出:['apple','banana','cherry','orange','grape','kiwi']
```

（4）使用+=运算符。我们还可以使用+=运算符将一个元素添加到列表末尾。如下所示：

```
fruits=["apple","banana","cherry"]
fruits+=["orange"]
print(fruits)    # 输出:['apple','banana','cherry','orange']
```

2.2.1.5　删除列表元素

删除列表元素是一种常见的操作，它可以帮助我们清理不需要的数据或重构列表。在 Python 中除 del 语句外，还可以使用 pop( )、remove( )等方法来删除列

表元素。接下来我们将进行简单的介绍。

（1）使用 del 语句。del 语句用于删除列表中的指定元素或整个列表。如下所示：

```
fruits = ["apple","banana","cherry"]
del fruits[1]    # 删除索引 1 处的元素("banana")
print(fruits)    # 输出:['apple', 'cherry']
# 删除整个列表
del fruits
# 尝试访问 fruits 会引发 NameError
```

（2）使用 pop()方法。pop()方法用于移除列表中指定索引位置的元素，并返回被移除的元素。如下所示：

```
fruits = ["apple","banana","cherry"]
removed_fruit = fruits.pop(1)    # 移除索引 1 处的元素("banana")
print(fruits)    # 输出:['apple', 'cherry']
print(removed_fruit)    # 输出:banana
```

（3）使用 remove()方法。remove()方法用于删除列表中指定值的第一个匹配项。如下所示：

```
fruits = ["apple", "banana", "cherry"]
fruits.remove("banana")
print(fruits)    # 输出:['apple', 'cherry']
```

（4）使用切片。我们还可以使用切片操作来删除列表中的一部分元素。如下所示：

```
fruits = ["apple","banana","cherry","date","elderberry"]
fruits[1:3] = []    # 删除索引 1 到索引 2 的元素("banana"和"cherry")
print(fruits)    # 输出:['apple', 'date', 'elderberry']
```

注意事项：

1）使用 del 语句可以删除指定索引的元素或整个列表，但它没有返回值。

2）remove()方法只能删除列表中第一个匹配项，如果有多个相同的值，只删除第一个。

3）pop( )方法可以用于移除指定索引位置的元素，并返回被移除的元素。

4）切片操作可以用于删除列表中的一部分元素。

#### 2.2.1.6 列表排序

列表虽然是有序的，但在实际应用中常常根据应用需要重新排序，排序是很常用的操作。以下是关于列表排序的简要介绍：

（1）使用 sorted( )函数。sorted( )函数对可迭代对象进行排序，默认是升序，并把排序结果作为一个新的列表返回，原迭代对象顺序不受影响。如下所示：

```
numbers = [5,2,8,1,9]
sorted_numbers = sorted(numbers)
print(sorted_numbers)    # 输出:[1, 2, 5, 8, 9]
print(numbers)    # 输出:[5, 2, 8, 1, 9]
```

（2）使用 sort( )方法。sort( )方法与 sorted( )函数类似，但是它会对列表进行永久性的排序，会直接修改原始列表的顺序。

```
numbers = [5,2,8,1,9]
numbers.sort()
print(numbers)    # 输出:[1, 2, 5, 8, 9]
```

（3）自定义排序顺序以上两种方法默认按照元素的升序进行排序。我们还可以使用 key 参数来指定排序的依据，甚至可以使用 reverse 参数进行降序排序。如下所示：

```
words = ["apple","banana","cherry","date","elderberry"]
sorted_words = sorted(words,key = len)    # 按照字符串长度升序排序
sort_words_reverse = sorted(word,key = len,reverse = True)    # 按照字符串长度
降序排序
```

### 2.2.2 元组

元组（Tuple）是一种有序、不可变的数据结构，用于存储多个元素。与列表不同，元组的元素一旦创建就不能被修改、添加或删除。元组通常用于存储一组相关的数据，并且在一些情况下比列表更适合。

2.2.2.1　元组的创建

我们可以使用多种方法来创建元组：

（1）使用圆括号（）来创建元组。最常见的方法是使用圆括号来创建元组，元素之间用逗号分隔。如下所示：

```
fruits = ("apple", "banana", "cherry")
```

（2）使用内置的 tuple（）函数来创建元组。使用 tuple（）函数将其他可迭代对象（如列表、字符串、字典等）转换为元组。如下所示：

```
numbers = tuple([1,2,3,4,5])
print(numbers)   # 输出:(1, 2, 3, 4, 5)
```

（3）元组解包。元组解包允许将多个值分配给元组的元素，从而创建一个元组。如下所示：

```
a = "apple"
b = "banana"
c = "cherry"
fruits = a,b,c
print(fruits)    # 输出:('apple', 'banana', 'cherry')
```

2.2.2.2　访问元组元素

与列表相同，使用索引可以直接访问元组元素，如果指定的索引不存在，将会出现越界错误。

（1）通过索引访问元素。我们可以使用方括号［］加上索引值来访问元组中的元素。如下所示：

```
fruits = ("apple","banana","cherry")
first_fruit = fruits[0]
second_fruit = fruits[1]
third_fruit = fruits[2]
print(first_fruit)    # 输出:apple
print(second_fruit)    # 输出:banana
print(third_fruit)    # 输出:cherry
```

（2）使用负数索引。我们还可以使用负数索引来从右往左访问元素，例如，索引-1 表示最后一个元素，索引-2 表示倒数第二个元素，以此类推。如下所示：

```
last_fruit = fruits[-1]
second_last_fruit = fruits[-2]
print(last_fruit)    # 输出:cherry
print(second_last_fruit)    # 输出:banana
```

（3）访问范围内的元素。我们可以使用切片操作来访问元组中的一部分元素。如下所示：

```
fruits = ("apple","banana","cherry","date","elderberry")
subset = fruits[1:4]    # 获取索引 1 到索引 3 的元素(不包括索引 4)
print(subset)    # 输出:('banana', 'cherry', 'date')
```

#### 2.2.2.3 元组的基本操作

由于元组不能被修改，因此没有如 append( )、extend( )、pop( )等能修改序列元素的方法。除此之外，列表的运算符、函数和方法同样对元组适用。

### 2.2.3 字典

字典（Dictionary）是一种无序、可变的数据结构，用于存储键—值（key-value）对。字典允许我们使用键来访问值，从而快速查找和检索数据。

#### 2.2.3.1 字典的创建

以下是关于字典创建的简要解析：

（1）使用花括号 {} 创建字典。最常见的方法是使用花括号来创建字典，键和值之间使用冒号分隔，键—值对之间用逗号分隔。如下所示：

```
student = {
    "name":"John",
    "age":25,
    "grade":"A"
}
```

（2）使用内置的 dict( )函数创建字典。我们还可以使用 dict( )函数来创建字典，传入键—值对作为参数。如下所示：

```
student = dict( name = "John ", age = 25, grade = "A ")
```

（3）使用键列表和值列表创建字典。我们还可以使用键列表和值列表来创建字典，通过 zip( )函数将键和值一一对应。如下所示：

```
keys = [ "name ", "age ", "grade "]
values = [ "John ", 25, "A "]
student = dict( zip( keys, values))
```

（4）使用列表解析创建字典。我们还可以使用列表解析来创建字典，从其他可迭代对象（如列表、元组等）中生成键—值对。如下所示：

```
data = [ ( "name ", "John "), ( "age ", 25), ( "grade ", "A ")]
student = { key : value for key, value in data}
```

注意事项：

1）字典中的键必须是唯一的，如果存在重复的键，则后面的键—值对会覆盖前面的。

2）键必须是不可变的数据类型，如字符串、数字、元组等，不能是可变的数据类型，如列表、字典等。

### 2.2.3.2　字典的访问

以下是关于访问字典的简要介绍：

（1）使用键访问值。我们可以使用方括号 [ ] 加上键来访问字典中的值。如下所示：

```
student = {
    "name ": "John ",
    "age ": 25,
    "grade ": "A "
}
name = student[ "name "]
age = student[ "age "]
print( name)    # 输出 : John
print( age)     # 输出 : 25
```

（2）使用 get( )方法访问值。我们还可以使用 get( )方法来访问字典中的值，如果键不存在，它不会引发错误，而是返回一个指定的默认值（默认为 None）。如下所示：

```
grade = student. get( "grade ")

city = student. get( "city ","Unknown ")

print( grade)    # 输出：A

print( city)     # 输出：Unknown
```

（3）判断键是否存在。我们还可以使用 in 关键字来判断一个键是否存在于字典中。如下所示：

```
if "age "in student：
    print( "Age：",student[ "age "])
else：
    print( "Age not found ")
if "city "in student：
    print( "City：",student[ "city "])
else：
    print( "City not found ")
```

注意事项：

1）如果尝试使用一个不存在的键访问字典中的值，会引发 KeyError 错误。使用 get( )方法可以避免这种错误。

2）使用 get( )方法时，可以提供一个默认值作为第二个参数，以在键不存在时返回。

3）使用 in 关键字可以判断一个键是否存在于字典中。

2.2.3.3　字典的遍历

在 Python 中，我们可以使用不同的方法来遍历字典，即访问字典中的键、值或键—值对。字典是一种无序的数据结构，其中的元素以键—值（key-value）对的形式存储。以下是关于字典遍历的简要介绍：

（1）遍历键。我们可以使用 for 循环来遍历字典的键。如下所示：

```
student = {
    "name":"John",
    "age":25,
"grade":"A"
}
for key in student:
    print(key)
# 输出:
# name
# age
# grade
```

（2）遍历值。我们可以使用 values( ) 方法来获取字典的值，并使用 for 循环来遍历这些值。如下所示：

```
for value in student.values():
    print(value)
# 输出:
# John
# 25
# A
```

（3）遍历键—值对。我们可以使用 items( ) 方法来获取字典的键—值对，并使用 for 循环遍历这些键—值对。如下所示：

```
for key, value in student.items():
    print(key, value)
# 输出:
# name John
# age 25
# grade A
```

（4）遍历键并通过键获取值。我们可以先使用键来访问字典中的值，然后通过 for 循环遍历键，最后使用键来获取值。如下所示：

```
for key in student:
    value = student[key]
    print(key, value)
# 输出:
# name John
# age 25
# grade A
```

#### 2.2.3.4 字典元素的添加及修改

以下是关于字典元素的添加和修改的简要解析:

(1) 添加元素。我们可以通过指定一个新的键来添加元素到字典中。如下所示:

```
student = {
    "name":"John",
    "age":25
}
student["grade"] = "A"
student["city"] = "New York"
print(student)
# 输出:{'name': 'John', 'age': 25, 'grade': 'A', 'city': 'New York'}
```

(2) 修改元素。如果键已经存在于字典中,我们可以通过键来修改对应的值。如下所示:

```
student = {
    "name":"John",
    "age":25,
    "grade":"B"
}
student["grade"] = "A"
student["age"] = 26
```

```
print(student)
# 输出:{'name': 'John', 'age': 26, 'grade': 'A'}
```

（3）使用 update（）方法。我们还可以使用 update（）方法来同时添加多个元素或修改现有元素。如下所示：

```
student = {
    "name":"John",
    "age":25
}
student.update({"grade":"A","city":"New York"})
print(student)
# 输出:{'name': 'John', 'age': 25,'grade': 'A', 'city': 'New York'}
```

注意事项：

1）如果键已经存在于字典中，添加操作会修改该键对应的值。

2）使用 update（）方法时，可以通过一个包含键—值对的字典来更新现有的字典。

3）字典中的键是唯一的，每个键只能对应一个值。

2.2.3.5　字典及字典元素的删除

以下是关于字典及字典元素删除的简要介绍：

（1）删除整个字典。我们可以使用 del 关键字来删除整个字典。如下所示：

```
student = {
    "name":"John",
    "age":25,
    "grade":"A"
}
del student
# 现在 student 字典不存在
```

（2）删除指定键的元素。我们可以使用 del 关键字加上键来删除字典中指定的键—值对。如下所示：

```
student = {
    "name ":"John ",
    "age ":25,
    "grade ":"A "
}
del student["age "]
# 现在 student 字典中没有"age "键
```

（3）使用 pop() 方法删除指定键的元素。我们还可以使用 pop() 方法来删除指定键的元素，并返回该键对应的值。如下所示：

```
student = {
    "name ":"John ",
    "age ":25,
    "grade ":"A "
}
removed_grade = student. pop( "grade ")
# student 字典中不再有"grade "键,removed_grade = "A "
```

（4）使用 clear() 方法清空字典。我们可以使用 clear() 方法来清空字典中的所有元素，使其变为空字典。如下所示：

```
student = {
    "name ":"John ",
    "age ":25,
    "grade ":"A "
}
student.clear( )
# 现在 student 字典为空
```

### 2.2.4　集合

集合（Set）是一种无序的、可变的数据结构，用于存储不重复的元素。集合是一种非常有用的数据结构，可以用于去除重复元素、检查元素是否存在等操作。

### 2.2.4.1　集合的创建

以下是关于集合创建的简要介绍：

（1）使用花括号 {} 创建集合。最常见的方法是使用花括号来创建集合，元素之间用逗号分隔。如下所示：

```
fruits = {"apple","banana","cherry"}
```

（2）使用内置的 set()函数创建集合。我们还可以使用 set()函数来创建集合，传入一个可迭代对象（如列表、元组、字符串等）作为参数。如下所示：

```
numbers = set([1,2,3,4,5])
```

### 2.2.4.2　添加集合元素

在 Python 中，主要有两种向集合添加元素的方法，一个是 add()方法，另一个是 update()方法。

（1）使用 add()方法添加单个元素。如下所示：

```
fruits = {"apple","banana","cherry"}
fruits.add("orange")
print(fruits)    # 输出:{'apple', 'banana', 'cherry', 'orange'}
```

（2）使用 update()方法添加多个元素。我们可以使用 update()方法来添加多个元素，传入一个可迭代对象（如列表、元组、集合等）作为参数。如下所示：

```
fruits = {"apple","banana","cherry"}
fruits.update(["orange","grape","pear"])
print(fruits)    # 输出:{'apple', 'banana', 'cherry', 'orange', 'grape', 'pear'}
```

### 2.2.4.3　删除集合元素

在 Python 中，有以下方法可以删除集合内的元素：

（1）使用 remove()方法删除指定元素。在 Python 中，我们可以使用 remove()方法来删除集合中的指定元素，如果元素不存在，remove()方法会引发 KeyError 错误。如下所示：

```
fruits = { "apple ","banana ","cherry "}
fruits.remove( "banana ")
print( fruits)   # 输出:{'apple ', 'cherry '}
```

（2）使用 discard( )方法删除指定元素。也可以使用 discard( )方法来删除集合中的指定元素，如果元素不存在，discard( )方法不会引发错误。如下所示：

```
fruits = { "apple ","banana ","cherry "}
fruits.discard( "banana ")
print( fruits)   # 输出:{'apple ', 'cherry '}
```

（3）使用 pop( )方法删除任意元素。还可以使用 pop( )方法删除集合中的任意一个元素（因为集合是无序的，所以无法预测删除的元素是哪一个），并返回被删除的元素。如下所示：

```
fruits = { "apple ","banana ","cherry "}
removed_fruit = fruits.pop( )
print( removed_fruit)   # 输出:任意一个元素
print( fruits)   # 输出:集合中已删除一个元素
```

#### 2.2.4.4　集合元素的运算

在 Python 中，集合支持多种数学运算，如并集、交集、差集等，这些运算使你能够对集合进行灵活的操作。以下是关于集合运算的简要介绍：

（1）并集（Union）。由属于集合 A 或集合 B 的所有元素组成的集合，称为集合 A 和集合 B 的并集，数学表达式为 $A \cup B = \{x \mid x \in A$ 或 $x \in B\}$。在 Python 中可以使用符号 | 或者 union( )函数来得出两个集合的并集。如下所示：

```
set1 = {1,2,3,4,5}
set2 = {4,5,6,7,8}
union = set1 | set2
print( union)   # 输出:{1, 2, 3, 4, 5, 6, 7, 8}
```

（2）交集（Intersection）。由同时属于集合 A 和集合 B 的元素组成的集合，称为集合 A 和集合 B 的交集，数学表达式为 $A \cap B = \{x \mid x \in A$ 且 $x \in B\}$。可以利用符号 & 或者 intersection( )函数来获取两个集合对象的交集。如下所示：

set1 = {1,2,3,4,5}

set2 = {4,5,6,7,8}

intersection = set1 & set2

print(intersection)　# 输出：{4, 5}

（3）差集（Difference）。由属于集合 A 而不属于集合 B 中的元素所构成的集合，称为集合 A 减集合 B，数学表达式为 A−B = {x | x ∈ A，x ∉ B}。这个集合也称为集合 A 与集合 B 的差集。反过来，也有差集 B−A = {x | x ∈ B，x ∉ A}。在 Python 中可以简单地使用减号来得到相应的差集，或者可以通过 difference() 函数来实现。如下所示：

set1 = {1,2,3,4,5}

set2 = {4,5,6,7,8}

difference = set1−set2

print(difference)　# 输出：{1, 2, 3}

（4）异或集（Symmetric Difference）。由属于集合 A 或集合 B，但不同时属于集合 A 和集合 B 的元素所组成的集合，称为集合 A 和集合 B 的异或集，其相当于（A∪B） − （A∩B）。利用符号^或者 symmetric_difference() 函数即可求出两个集合对象的异或集。如下所示：

set1 = {1,2,3,4,5}

set2 = {4,5,6,7,8}

symmetric_difference = set1^set2

print(symmetric_difference)　# 输出：{1, 2, 3, 6, 7, 8}

注意事项：

1）集合运算创建一个新的集合，不会修改原来的集合。

2）集合运算可以用于多个集合之间的操作，使你能够快速处理和分析数据。

# 2.3  函数与面向对象编程

### 2.3.1  Python 函数

经过前面章节的学习，我们已经可以动手编写一些简单的 Python 程序代码了。但是随着我们编程经历的变多，我们会发现，其实很多代码的功能都非常的相似。于是，为了避免重复"造轮子"，人们开始考虑把这些功能特定、使用频率高的代码块组织成为一个整体，这就是函数。

其实在之前的学习中，我们早已接触过函数，如 len( )、print( )等，这些都是 Python 中可以被直接使用的内置函数。可是有时候，我们也会希望根据自己的要求把代码以固定的格式封装在一起，减少重复的工作，而这被称为自定义函数。自定义函数在使用时就像 print( )函数等内置函数一样，可以直接通过函数名进行调用。

#### 2.3.1.1  函数的定义

自定义函数是以 def 关键字创建的一个新函数。函数定义包括函数名、参数列表以及函数体。特别需要注意的是，函数的定义与之前学过的条件语句、循环语句一样，也有着严格的格式要求。一般来说，在使用关键字 def 定义函数时，其后应该紧跟函数名，括号内包含了将要在函数体中使用的形式参数（以下简称形参），以冒号结束。然后另起一行编写函数体，函数体的缩进为 4 个空格或者一个制表符。定义函数的格式如下：

```
def 函数名(形式参数):
    代码
    return 返回值
```

示例如下：

```
def greet(name):
    return f "Hello, {name}! "
```

这里，我们定义了一个名为 greet 的函数，它接受一个参数 name，并返回一个包含问候信息的字符串。

而在我们定义好函数之后，我们可以在代码中通过函数名加括号来调用它，并传递相应的参数。以上面的示例为例，当我们想要调用它时，只需如此：

```
message = greet("Alice")
print(message)  # 输出:Hello,Alice!
```

#### 2.3.1.2　Python 函数参数传递

在上文中，可能出现了一些比较陌生的词汇——形参。形参是函数定义中的参数，它是函数签名的一部分。形参用来表示参数的名称，用于定义函数接受的数据。形参是占位符，表示函数内部可以接收来自函数调用的实际数据。如下所示：

```
def add(a, b):  # a 和 b 是形参
    return a+b
```

与形式参数紧密联系的一个概念则是实际参数（以下简称实参）。实参是在函数调用时传递给函数的数据，它填充了函数定义中的形参的概念。实参是函数调用中的具体值，它提供了函数所需的实际输入。仍然以上面的例子进行说明：

```
result = add(3,5)#3 和 5 是实参
```

我们可以用一个更加通俗的比喻来理解这两个概念:假设你在一个餐馆吃饭。这个餐馆就是一个"函数"，你点的菜单上的项目就是"形参"，而你实际点的菜就是"实参"。形参就是菜单上列出的菜品名称,它告诉你有哪些选项可供选择。这些选项在菜单上就是一系列的文字描述,但实际上还没有做好,需要你点菜时告诉厨师你想要哪些菜。而实参就是你点的具体菜品,它是你实际要吃的东西。你从菜单上选出来某一道菜,点菜后厨师会根据你的要求做好并送到你的桌上。

在这个比喻中,形参就是函数定义中的参数名称,用于标识函数需要接受什么样的输入。而实参是你在函数调用时提供的具体值,用于填充形参,让函数能够执行相应的操作。以此类推,函数中的形参和实参关系就像餐馆的菜单和你实际点的菜品一样。形参告诉函数应该接收什么类型的信息,而实参则提供了具体的信息以便函数进行处理。

在了解了什么是形参和实参后,我们需要知道实参是如何传递给形参的。接

下来,我们介绍 4 种传递参数的方法:位置参数、关键字参数、默认参数、可变参数。

（1）位置参数。位置参数是最常见的参数传递方式,按照函数定义的参数顺序,一一对应地传递实参。在调用函数时,实参的顺序与类型要和形参的顺序与类型一一对应,否则就会报错。如下所示:

```
def greet(name, message):
    return f "Hello, {name}! {message}"
greeting = greet("Alice ","How are you? ")
```

在这个例子中, "Alice "对应 name 形参, "How are you? "对应 message 形参。位置参数的顺序很重要,因为它决定了实参与形参的对应关系。

（2）关键字参数。关键字参数通过指定形参的名称来传递实参,位置无关紧要,但参数（即形参）的名称十分重要。因为关键字参数通过指定形参的名称来传递实参,这样就不必按照参数的顺序进行传递。如下所示:

```
def greet(name,message):
    return f "Hello, {name}! {message}"
greeting = greet(message = "How are you? ",name = "Alice ")
```

可以看到, 在上述代码中, 我们并没有按照位置一一对应, 而是故意将参数顺序弄反, 但结果仍然和位置参数例子的结果一样。其中的关键就在于, 在传递实参时, 我们指定了关键字（即形参的名称）, 通过这种关系, 即使实参的顺序有误, 解释器也能帮忙纠偏。

（3）默认参数。通常在调用函数时都需要指定参数, 如果某个参数没有被指定则会报错。为了解决这个问题, Python 在定义函数时可以直接给形式参数指定默认值, 当某个参数未被传入时会使用默认值, 就像在之前切片的操作中, 哪怕我们不指代步长 step 是多少, 它也能正常地工作。如下所示:

```
def power(base,exponent = 2):
    return base ** exponent
result1 = power(3)        # 默认使用 exponent = 2
result2 = power(2,4)      # 使用指定的 exponent = 4
```

在这个例子中, exponent 参数有一个默认值 2。如果不传递 exponent 实参, 函数就会使用默认值。

（4）可变参数。有时候在函数调用时，参数的个数并不固定。比如，我们在进行加法运算时，有时候是两个数相加，有时候可能是十多个数相加，这种情况就需要用到可变参数。可变参数允许我们传递不确定数量的参数给函数。在 Python 中可变参数的表现形式为，在形参前添加一个星号（ ∗ ），意为传递过来的实参个数不确定，可能为 0 个、1 个，也可能为 n 个。需要注意的是，无论可变参数有多少个，在函数内部，它们都被 "收集" 起来并统一存放在以形参名为某个特定标识符的元组之中。如下所示：

```
def calculate_average( ∗ numbers):
    if numbers:
        return sum(numbers) / len(numbers)
    return 0
avg = calculate_average(5,10,15,20)    # 平均值为 12.5
```

除可以用单个星号（ ∗ ）表示可变参数外，还有另一种可以标定可变参数的形式，即用两个星号（ ∗ ∗ ）来标定。通过两个星号（ ∗ ∗ ）标定，可以把可变参数打包成字典模样。这时候，调用函数则需要采用类似关键字参数的形式传递实参。如下所示：

```
def print_info( ∗ ∗ kwargs):
    for key, value in kwargs.items():
        print(f "{key}: {value}")
print_info(name = "Alice ",age = 30,city = "Wonderland ")
```

在这个例子中， ∗ ∗ kwargs 接受了一组关键字参数，并将它们打包成一个字典。函数 print_info() 遍历字典并打印每个键—值对。当你调用函数时，你可以传递任意数量的关键字参数，这些参数会被放入字典中并传递给函数。同样，kwargs 可以是任何的合法的 Python 名称。

2.3.1.3　Python 变量的作用域

变量的作用域指的是变量的作用范围（变量在哪里可用、在哪里不可用）。在 Python 程序中创建、改变、查找变量名时都是在一个保存变量名的空间中进行的，我们将其称为命名空间或作用域。变量的作用域由变量的定义位置决定，在不同位置定义的变量，其作用域是不一样的。

例如，Python 解释器启动时建立一个全局命名空间，在这当中定义的变量是全局变量。顾名思义，所谓全局变量，指的是在函数体内外都能生效的变量。而在函数内部定义的变量是局部变量。局部变量是只在函数内部生效的变量。因此，如果在一个函数中定义一个变量 x，在另外一个函数中也定义 x 变量，因为是在不同的命名空间，所以两者指代的是不同的变量。如下所示：

```
num = 100    #全局变量
def example( ):
    return num
print("全局变量 num 的结果为:", num)    # 输出 100
print("全局变量 num 在函数中的结果为:",example( ))    # 输出 100
def example2( ):
    num = 10    # 局部变量
    print("局部变量 num 在函数内的值:",num)
example2( )    # 输出 10
print("局部变量 num 在全局的结果为:",num)    # 输出 100,局部变量不影
响全局变量
```

### 2.3.2　面向对象编程

#### 2.3.2.1　面向过程编程与面向对象编程

在面向过程编程中，我们会按照顺序编写一系列函数来完成任务。每个函数执行一个具体的操作。以"制作三明治为例"，假如你是一名厨师，你要做一个三明治（Sandwich）。你手头有面包、火腿、生菜和酱汁。如果是面向过程编程，那么你就得按照一个详细的步骤列表来制作三明治。首先，拿一个面包。其次，放上一片火腿，再放上一些生菜。最后，涂上酱汁。每个步骤都要亲自执行，严格按照指示来制作三明治。

而在面向对象编程中，我们将问题的组成部分抽象成对象，通过定义类来创建这些对象，并用定义类的方法来操作对象。仍以"制作三明治为例"，此时你将三明治的制作过程抽象成一个"三明治制作员"对象。这个对象有一些属性，如面包、火腿、生菜和酱汁。它还有一个"制作"方法，当你调用这个方法时，它会按照内部定义好的步骤自动制作一个三明治，你不需要一步一步地亲自操作。

在面向过程编程中，你像一名厨师按照指示一步一步地制作食物。而在面向对象编程中，你创建了一个专门的"食物制作员"对象，它知道如何自动制作食物，你只需要调用它的方法。也就是说，面向过程编程强调怎么去做，而面向对象编程则强调是由谁去做。

2.3.2.2　类与对象

（1）类。通俗来说，类就像是一个"蓝图"或者"模板"，它定义了一种新的数据类型。你可以把类想象成一个抽象的概念，描述了某种事物的特征和行为。例如，我们可以创建一个叫作"人"的类。在这个类中，我们可以定义"人"有什么属性，如姓名、年龄，还可以定义"人"会做什么事情，如打招呼、说话等。

（2）对象。而对象则是基于类创建出来的实际存在，就像是根据蓝图制造出来的一个个物体。对象是类的实例，代表了特定的个体。回到"人"的例子，我们可以根据"人"这个类创建出具体的人，如"Alice"和"Bob"。每个人都有自己的姓名、年龄，而且可以分别打招呼、说话。代码如下：

```python
#定义一个类叫作 Person
class Person:
    def __init__(self, name, age):
        self.name = name
        self.age = age
    def greet(self):
        return f"Hello, my name is {self.name} and I am {self.age} years old."

# 创建两个人的对象
alice = Person("Alice", 30)
bob = Person("Bob", 25)

# 调用对象的方法
alice_greeting = alice.greet()
bob_greeting = bob.greet()

print(alice_greeting)    # 输出:Hello, my name is Alice and I am 30 years old.
print(bob_greeting)      # 输出:Hello, my name is Bob and I am 25 years old.
```

2.3.2.3　类的定义及对象的创建

在使用类时，需要先定义类，再创建类的实例，通过类的实例可以访问类中的属性和方法。

步骤一：定义类。当我们在 Python 中定义一个类时，实际上是在创建一个新的数据类型，描述一类对象的共同特征和行为。接下来，我们从类名、构造方法、属性等方面来学习类的定义。

类名（Class Name）：类名是用来标识类的名称，通常使用大写字母开头的驼峰命名法。它应该简明扼要地描述类表示的对象类型。如下所示：

```
class Person：
    #...
```

在这个例子中，我们定义了一个名为 Person 的类。

构造方法（Constructor）：构造方法是一个特殊的方法，它在创建对象时自动调用，并负责对象的初始化。在类中，构造方法的名称是_init_，它可以接受一些参数，用于初始化对象的属性。构造方法可以有一个或者多个参数。第一个参数固定为 self（习惯用法），代表当前对象本身，可以用于访问类中的属性和方法，后面的参数可以自由定义，和定义函数没有任何区别。如下所示：

```
class Person：
    def _init_(self, name, age)：
        self.name = name
        self.age = age
```

在这个例子中，我们定义了一个构造方法_init_，它接受 name 和 age 作为参数，并将它们分别赋值给对象的属性 self.name 和 self.age。

类的方法（Methods）：方法是类中的函数，用于执行操作。方法的定义格式和一般函数的定义类似，但是与一般函数的定义不同，类方法必须包含对象本身的参数，即构造方法中的 self。方法的定义格式如下：

```
def 方法名(self,[形参列表])：
    方法体
```

类的属性（Attributes）：在 Python 中，类的属性是用于存储对象数据的成员，它们描述了类的对象的特征。而根据位置，可以分为类属性和实例属性。类属性是所有对象共享的属性，它们通常在类的外部定义。实例属性是每个对象独立拥有的属性，可以通过构造方法_init_中的参数来定义类的属性。通过构造方法初始化这些属性，并将它们附加到类的实例上。如下所示：

```
class Circle：
     pi = 3.14159    # 类属性
     def _init_(self,radius)：
          self.radius = radius   # 实例属性
```

在这个例子中，pi 是一个类属性，所有 Circle 对象共享它。radius 是实例属性，每个 Circle 对象都有自己的半径属性。

步骤二：创建对象。抽象的类必须实例化才能使用其定义的功能，即创建类的对象，如果把类的定义视为数据结构的类型定义，那么实例化就是创建了一个这种类型的变量。

需要说明的是，创建类的对象、创建类的实例、实例化等说法都是等价的，都是以类为模板生成一个对象的过程。

要实例化类，我们需要在类的名称后跟一对括号。这会调用类的构造方法，初始化对象的属性。语法格式如下：

对象名 = 类名(实参)

对象名自行设定。实参是可选参数。当创建一个类，而没有使用构造方法__init__或者构造方法__init__中只有一个 self 参数时，实参可以省略。如下所示：

```
#类的定义
class Person：
     def _init_(self, name, age)：
          self.name = name
          self.age = age
# 实例化 Person 类,创建一个对象
alice = Person("Alice",30)
```

在这个例子中，我们实例化了 Person 类，创建了一个名为 alice 的对象，并传递了 name 和 age 参数来初始化对象的属性。

一旦对象被创建，我们可以通过对象的点符号访问它的属性和方法。如下

所示:

```
#定义类
class Person:
    def _init_(self,name,age):
        self.name = name
        self.age = age
    def greet(self):
        return f "Hello,my name is {self.name} and I am {self.age} years
old. "
# 实例化 Person 类,创建一个对象
alice = Person("Alice ",30)
# 访问对象的属性及方法
print(alice.name)    # 输出:Alice
print(alice.age)     # 输出:30
print(alice.greet())    # 输出:Hello,my name is Alice and I am 30 years old.
```

通过实例化类,我们可以根据类的模板创建具体的对象,每个对象都有自己的数据和行为。这种对象的创建方式使我们能够更好地模拟和操作现实世界中的事物。

# 2.4　文件的读取及写入

Python 在文件的读取及写入的操作过程中,通常会使用内置函数和 Pandas 库两种方式,后者将会在后续章节中提及,因此,本节只讲解使用内置函数读写文件的操作。

正如把大象塞入冰箱需要几步的冷笑话一般,操作一个文件也只需要 3 步:打开文件、操作文件、关闭文件。

### 2.4.1　文件的读取

#### 2.4.1.1　打开文件

要读取文件，需要先打开它。我们可以使用内置的 open（）函数来打开文件。这个函数接受两个参数：文件路径和打开模式。当遇到不同字符编码时，我们也可以选择添加编码方式参数进行纠正。打开模式可以是'r'（只读模式）、'rb'（以二进制格式只读）、'rt'（以文本格式只读）等。以下是一个打开文本文件的例子：

```
file_path = 'example. txt '
file = open( file_path,'r ',encoding = 'utf-8 ')    # 以只读模式打开文件,字符
```
编码为 utf-8

#### 2.4.1.2　读取文件内容

在打开文件后，我们可以使用不同的方法来读取文件的内容。

（1）read（）：它可以用于一次性读取整个文件的内容，并将内容保存为一个字符串。如下所示：

```
with open( 'example. txt ', 'r ') as file：
    content = file. read( )    # 读取整个文件内容为一个字符串
    print( content)
```

（2）readline（）：它可以用于逐行读取文件的内容，并返回一个字符串。每次调用 readline（）时，都会读取文件下一行的内容。使用它读取文件时占用内存小，比较适合于大文件。如下所示：

```
with open( 'example. txt ', 'r ') as file：
    line = file.readline( )    # 读取一行内容
    while line：
        print( line)
        line = file.readline( )    # 继续读取下一行内容
```

（3）readlines（）：它用于一次性读取整个文件的内容，并将内容保存成一个列表，但读取大文件会比较占内存。列表的每个元素都是文件的一行内容。如下所示：

```
with open('example.txt', 'r') as file:
    lines = file.readlines()  # 读取所有行并返回一个列表
    for line in lines:
        print(line)
```

具体选择使用哪种方法取决于我们的需求。如果我们需要整个文件内容，可以使用 read()。如果我们想逐行处理文件内容，可以使用 readline()。如果我们需要按行存储并处理每一行，可以使用 readlines()。

### 2.4.1.3 关闭文件

理所当然地，在完成了文件的操作后，我们应该关闭文件以释放资源。这时我们可以使用 close()方法来关闭文件。如下所示：

```
file.close()
```

然而，我们有时候可能会忘记关闭文件。因此，更好的做法是使用 with 语句来打开和关闭文件，这样可以确保文件在使用完毕后自动关闭，无需手动调用 close()方法。如下所示：

```
file_path = 'example.txt'
with open(file_path, 'r') as file:
    content = file.read()
    print(content)
# 文件会在退出 with 代码块时自动关闭
```

### 2.4.2 文件的写入

当我们要写入文件时，同样需要先打开它，只是使用的打开模式不一样。在写入文件时，我们通常使用写入模式 'w'或者二进制写入模式 'wb'。如果文件不存在，将会创建一个新文件；如果文件已存在，写入模式会清除文件内容，然后再写入新的内容。如下所示：

```
file_path = 'output.txt'
file = open(file_path, 'w')  # 以写入模式打开文件
```

在这之后我们可以使用 write()方法来写入内容。如下所示：

```
file.write( "Hello,world！ \\n " )
file.write( "This is a new line. " )
```

与前面相仿，在写入文件后，我们也需要用 close( ) 方法来关闭文件。而理所当然地，我们同样可以选择更优的 with 语句来写入文件。如下所示：

```
file_path = 'output. txt '
with open( file_path , 'w ' ) as file：  # 以写入模式打开文件
    file.write( "Hello,world\n " )
    file.write( "This is a new line." )
```

注意事项：常见的文件读写模式包括：

（1） 'r '：只读模式（默认）。

（2） 'w '：写入模式，会清除文件内容并写入新内容。

（3） 'a '：追加模式，写入内容到文件末尾。

（4） 'rb '：二进制。

（5） 'wb '：二进制写入模式。

（6） 'ab '：二进制追加模式。

务必谨慎使用写入模式'w '，因为它会覆盖文件内容。

## 2.5  综 合 应 用

### 2.5.1  简单的学生成绩分析系统

编写一个 Python 程序，建立一个简单的学生成绩分析系统。首先，程序要求用户输入学生人数，使用循环语句逐个输入每个学生的姓名和成绩，并将这些信息保存在一个字典中。其次，程序要求用户输入一个成绩阈值，然后统计高于阈值的学生人数并计算平均成绩。最后，输出高于阈值的学生人数、平均成绩以及每个学生的姓名和成绩。如下所示：

```python
def main():
    try:
        num_students = int(input("请输入学生人数:"))
        student_data = {}
        for i in range(num_students):
            name = input(f"请输入第{i+1}个学生的姓名:")
            score = float(input(f"请输入{name}的成绩:"))
            student_data[name] = score
        threshold = float(input("请输入成绩阈值:"))
        above_threshold = 0
        total_score = 0
        for name, score in student_data.items():
            total_score += score
            if score > threshold:
                above_threshold += 1
                average_score = total_score / num_students
        print("\\n学生成绩分析结果:")
        print(f"高于阈值的学生人数:{above_threshold}")
        print(f"平均成绩:{average_score:.2f}")
        print("\\n每个学生的成绩:")
        for name, score in student_data.items():
            print(f"{name}:{score}")
    except ValueError:
        print("输入无效,请确保输入的是数字。")
if __name__ == "__main__":
    main()
```

### 2.5.2 复杂的学生成绩管理系统

编写一个 Python 程序,建立一个学生成绩管理系统,能够记录学生信息、成绩,并进行统计分析。程序要求能够录入学生信息、成绩,显示学生成绩列表，计算平均成绩、最高分、最低分等统计信息，并将学生信息和成绩保存到文件中。如下所示：

```python
class Student：
    def __init__(self,name,scores)：
        self.name＝name
        self.scores＝scores
#...（省略 add_student 等函数的定义）
def main()：
    students＝load_from_file("学生成绩.txt")
    while True：
        print("\\n 学生成绩管理系统")
        print("1. 添加学生信息")
        print("2. 显示学生成绩列表")
        print("3. 计算统计信息")
        print("4. 保存学生信息到文件")
        print("5. 退出")
        choice＝input("请输入你的选择(1/2/3/4/5)：")
        if choice＝＝"1"：
            add_student(students)
        elif choice＝＝"2"：
            display_students(students)
        elif choice＝＝"3"：
            calculate_statistics(students)
        elif choice＝＝"4"：
            save_to_file(students,"学生成绩.txt")
        elif choice＝＝"5"：
            print("感谢使用学生成绩管理系统,再见！")
            break
```

```
            else：
                print("无效的选择,请重新输入")
    if __name__ == "__main__"：
        main()
```

这个程序构建了一个学生成绩管理系统，使用了类来表示学生信息和成绩。程序能够录入学生信息、成绩，显示学生成绩列表，计算统计信息（平均成绩、最高分、最低分）并将学生信息和成绩保存到文件中。用户可以根据提示进行操作，学生信息会在程序运行期间保存，也可以保存到文件中供下次使用。

# 2.6 本章小结

本章我们学习了 Python 的编程基础，涵盖了条件语句、循环语句、数据结构等核心概念，并简要介绍了函数与面向对象编程的概念。通过掌握这些基础知识，我们深入了解了构建程序的基石。这些知识看似烦琐，但一旦掌握了基础概念和内在规律，它们就变得容易掌握了。

值得一提的是，学习一门编程语言最有效的方法并非阅读理论或纸上谈兵。相反，最佳的学习方法是实际操作，通过操作学习知识、掌握知识。这种实践性的学习方法是掌握一门编程语言的不二法门。

**思考题**

1. 请解释 Python 中的 if 语句的基本结构。

2. while 循环与 for 循环有什么不同之处？它们各自的适用场景是什么？

3. 请思考数据结构的意义及不同类型的数据结构有着什么样的运用场景。

4. 元组和列表有哪些相似之处？它们之间的主要区别是什么？

5. 请思考面向过程编程与面向对象编程的优缺点。

**练习题**

1. 创建一个程序，接受用户输入的数字，然后判断该数字是奇数还是偶数，并输出相应的结果。

2. 使用循环语句编写一个程序，找到斐波那契数列中小于 100 的所有项。

3. 编写一个使用循环和条件语句的程序，找出一个列表中的偶数并打印出来。

4. 编写一个简单的猜字游戏，程序随机生成一个 1 到 100 之间的整数，用户通过输入猜测该数字，程序给予提示是猜大了还是猜小了，直到用户猜中为止。

# 第 2 篇

## Python 数据分析基础

# 第 3 章　NumPy 模块

## 3.1　NumPy 简介

NumPy 可以使用 pip 工具安装，安装命令为 pip install numpy。也可以在 PyCharm 开发环境中安装，运行 PyCharm，选择"File→Settings"菜单项，先打开"Settings"窗口，然后在"Project Inter preter"窗口中选择添加模块的按钮（+），再在搜索栏输入需要添加的模块名称"NumPy"，最后选择需要安装的模块，单击"Install Package"按钮即可安装 NumPy 模块。

NumPy 是数据分析、机器学习的三大"剑客"之一，它的用途是以数组的形式对数据进行操作。机器学习中充斥着大量的数组运算，而 NumPy 使这些操作变得简单。由于 NumPy 是通过 C 语言实现的，因此其运算速度非常快。具体功能有：包含一个强大的 N 维数组对象 ndarray；广播功能函数；线性代数、傅立叶变换、随机数生成、图形操作等；整合 C/C++/Fortran 代码的工具。同时，NumPy 提供了一个高性能的数组对象，可以轻松创建一维数组、二维数组和多维数组，以及大量的函数和方法，帮助学习者轻松地进行数组计算，从而广泛地应用于数据分析、机器学习、图像处理和计算机图形学习、数学任务等领域当中。

# 3.2 创建数组

### 3.2.1 创建简单的数组

学习 NumPy 前，我们先了解一下数组的相关概念。数组可分为一维数组、二维数组、三维数组等，其中三维数组是常见的多维数组。一维数组很简单，基本和 Python 列表一样，区别在于数组切片针对的是原始数组（这就意味着，如果对数组进行修改，原始数组也会跟着更改）。二维数组的本质是以数组作为数组元素。二维数组包括行和列，类似于表格形状，又称为矩阵。三维数组是指维数为三的数组结构，也称矩阵列表。三维数组是常见的多维数组，由于其可以用来描述三维空间中的位置或状态而被广泛使用。基于 NumPy 创建简单的数组主要使用 array（）函数，语法为 numpy.array（object，dtype = None，copy = True，order = 'K'，subok = False，ndmin = 0）。

常见的元素参数如下：

object：任何具有数组接口方法的对象。

dtype：数据类型。

copy：布尔型，可选参数，默认值为 True，则 object 对象被复制；否则，只有当 array 方法返回副本，object 参数为嵌套序列，或者需要副本满足数据类型和顺序要求时，才会生成副本。

order：元素在内存中的出现顺序，值为 K、A、C、F。如果 object 参数不是数组，那么新创建的数组将按行排列（C）；如果值为 F，则按列排列。如果 object 参数是一个数组，则以下内容成立：C（按行）、F（按列）、A（原顺序）、K（元素在内存中的出现顺序）。

subok：布尔型。如果值为 True，则将传递子类，否则返回的数组将强制为基类数组（默认值）。

ndmin：指定生成数组的最小维数。

接下来创建几个简单的数组，再为数组指定数据类型代码。

NumPy 比 Python 支持更多的数据类型，通过 dtype 参数可以指定数组的数据类型，代码如下：

```
import numpy as np                      # 导入 numpy 模块
n1 = np.array([1,2,3])                  # 创建一个简单的一维数组
n2 = np.apray([0.1,0.3,0.5])           # 创建一个包含小数的一维数组
n3 = np.appay([[1,3],[5,7]])           # 创建一个简单的二维数组
list = [1,2,3]                          # 列表
n1 = np.array(list,dtype = np.float_)   # 创建浮点型数组
n1 = np.array(list,dtype = float)       # 或者
print(n1)
print(n1.dtype)
print(type(n1[0]))
```

对数组的复制——copy 参数解释如下：运算和处理数组时，为了不影响原数组，就需要对原数组进行复制，而对复制后的数组进行修改和删除等操作都不会影响原数组。数组的复制可以通过 copy 参数实现，数组 n2 是数组 nl 的副本，修改了数组 n2，数组 nl 不会发生变化。代码如下：

```
import numpy as np                      # 导入 numpy 模块
n1 = np.array([1,2,3])                  # 创建数组
n2 = np.array(nl,copy = True)          # 复制数组
n2[0] = 4                               # 修改数组中的第一个元素为4
n2[2] = 2                               # 修改数组中的第三个元素为2
print(nl)
print(n2)
```

对修改数组的维数——ndmin 参数控制最小维数解释如下：数组可分为一维数组、二维数组和多维数组，通过 ndmin 参数可以控制数组的最小维数。无论给出的数据的维数是多少，ndmin 参数都会根据最小维数创建指定维数的数组。例如，'ndmin = 3'，虽然给出的数组是一维的，但是同样会创建一个三维数组，代码如下：

```
import numpy as np
nd1 = [2,4,6]
nd2 = np.array(nd1, ndmin = 3)        # 三维数组
print(nd2)
```

### 3.2.2  不同方式创建数组

（1）创建指定维度和数据类型未初始化的数组时，主要使用 empty() 函数，代码如下：

```
import numpy as np
n = np.empty([2,3])
print(n)
```

（2）创建指定维度并以 0 填充的数组时，使用 zeros() 函数，输出结果默认是浮点型（float）。程序代码更改如下：

```
n = np.zeros(3)
```

（3）创建指定维度并以 1 填充的数组时，使用 ones() 函数，程序代码更改如下：

```
n = np.ones(3)
```

（4）创建指定维度和类型的数组并以指定值填充时，使用 full() 函数，程序代码更改如下：

```
n = np.full((3,3),6)
```

下面我们来介绍通过特定的函数来创建数组，通过这些函数来实现不同的数学功能。

第一，通过 arange() 函数创建数组。arange() 函数同 Python 内置的 range() 函数相似，区别在于返回值，arange() 函数的返回值是数组，而 range() 函数的返回值是列表。arange() 函数的语法如下：

```
arange([start,]stop[,step,],dtype = None)
```

常见的元素参数如下：

start：起始值，默认值为 0。

stop：终止值（不包含）。

step：步长，默认值为 1。

dtype：创建数组的数据类型，如果不设置数据类型，则使用输入数据的数据类型。

在使用 arange( ) 函数时，主要通过数值范围创建数组，代码如下：

```
import numpy as np
n = np.arange(1,12,2)
print(n)
```

第二，使用 linspace( ) 函数创建等差数列数组。先简单了解一下等差数列，等差数列是指如果一个数列从第 2 项起，每一项与它的前一项的差等于同一个常数，那么这个数列就叫作等差数列。例如，一串数字 1、3、5、7、9、11……

在 Python 中，创建等差数列可以使用 NumPy 的 linspace( ) 函数，该函数用于创建一个一维的等差数列的数组，它与 arange( ) 函数不同，arange( ) 函数是从开始值到结束值的左闭右开区间，即包括开始值，但不包括结束值，第三个参数（如果存在）是步长；而 linespace( ) 函数是从开始值到结束值的闭区间（可以通过参数 endpoint = False 设置，使结束值不是闭区间），并且第三个参数是值的个数。linspace( ) 函数的语法如下：

```
linspace(start,stop,num = 50,endpoint = True,retstep = False,dtype = None)
```

常见的元素参数如下：

start：序列的起始值。

stop：序列的终止值，如果 endpoint 参数的值为 True，则该值包含于数列中。

num：要生成的等步长的样本数量，默认值为 50。

endpoint：如果值为 True，数列中包含 stop 参数的值；反之则不包含，默认值为 True。

retstep：如果值为 True，那么生成的数组中会显示间距，反之则不显示。

dtype：数组的数据类型。

以创建赛前训练的等差数列数组为例，代码如下：

```
import numpy as np
n1 = np.linspace(5000,10000,11)          # 5000,5500,6000,…,9500,10000
print(n1)
```

第三，使用 logspace( )函数创建等比数列数组。首先了解一下等比数列，等比数列是指从第二项起，每一项与它的前一项的比值等于同一个常数的一种数列。在 Python 中，创建等比数列可以使用 NumPy 的 logspace( )函数，语法如下：

numpy.logspace(start,stop,num = 50,endpoint = True,base = 10.0,dtype = None)

常见的元素参数如下：

start：序列的起始值。

stop：序列的终止值。如果 endpoint 参数值为 True，则该值包含于数列中。

num：要生成的等步长的数据样本数量，默认值为 50。

endpoint：如果值为 True，则数列中包含 stop 参数值；反之则不包含，默认值为 True。

base：对数的底数。

dtype：数组的数据类型。

第四，通过 logspace( )函数解决等差数列问题：后面数量是前一个篮子里的 2 倍，到第 36 个篮子时，每个篮子里的数量是多少？代码如下：

```
import numpy as np
n = np.logspace(0,35,36,base = 2,dtype = uint36')
print(n)
```

### 3.2.3　生成随机数组

随机数组的生成主要使用 NumPy 中的 random 模块，下面介绍几种常用的随机生成数组的函数：

（1）rand( )函数，用于生成（0，1）的随机数组，传入一个值随机生成一维数组，传入一对值随机生成二维数组，语法如下：

numpy.random.rand(do,d1,d2,d3,…,dn)

参数 d0，d1，…，dn 为整数，表示维度，可以为空。

随机生成 0~1 的一维数组和二维数组，代码如下：

```
import numpy as np
n = np.random.rand(5)
print('随机生成 0 到 1 的一维数组:')
print(n)
n1 = np. random,rand(2,5)
print('随机生成 0 到 1 的二维数组:')
print(n1)
```

（2）randn()函数，用于从正态分布中返回随机生成的数组，语法如下：

```
numpy.random,randn(do,d1,d2,d3,…,dn)
```

参数 d0，d1，…，dn 为整数，表示维度，可以为空。

在随机生成满足正态分布的数组时，代码如下：

```
import numpy as np
n1 = np.random.randn(5)
print('随机生成满足正态分布的一维数组:')
print(n1)
n2 = np,random.randn(2,5)
print('随机生成满足正态分布的二维数组:')
print(n2)
```

（3）randint()函数，与 NumPy 中的 arange()函数类似。randint()函数用于生成一定范围内的随机数组，左闭右开区间，语法如下：

```
numpy.random.randint(low,high = None,size = None)
```

常见的元素参数如下：

low：低值（起始值），整数，且当参数 high 不为空时，参数 low 应小于参数 high，否则程序会出现错误。

high：高值（终止值），整数。

size：数组维数，整数或者元组，整数表示一维数组，元组表示多维数组。默认值为空，如果为空，则仅返回一个整数。

在生成一定范围内的随机数组时，代码如下：

```
import numpy as np
n1 = np.random.randint(1,3,10)
print('随机生成 10 个 1 到 3 且不包括 3 的整数:')
print(n1)
n2 = np.random.randint(5,10)
print('size 数组大小为空随机返回一个整数:')
print(n2)
n3 = np.random.randint(5,size=(2,5))
print('随机生成 5 以内二维数组')
print(n3)
```

（4）normal（）函数，用于生成正态分布的随机数，代码如下：

```
numpy.random.normal(loc,scale,size)
```

常见的元素参数如下：

loc：正态分布的均值，对应正态分布的中心。loc=0 说明是一个以 y 轴为对称轴的正态分布。

scale：正态分布的标准差，对应正态分布的宽度，scale 值越大，正态分布的曲线越矮胖；scale 值越小，曲线越高瘦。

size：表示数组维数。

生成正态分布的随机数组，代码如下：

```
import numpy as np
n = np.random.normal(0,0.1,10)
print(n)
```

### 3.2.4 从已有的数组中创建数组

（1）asarray（）函数，用于创建数组，其与 array（）函数类似，语法如下：

```
numpy.asarray(a,dtype=None,order=None)
```

常见的元素参数如下：

a：可以是列表、列表的元组、元组、元组的元组、元组的列表或多维数组。

dtype：数组的数据类型。

order：值为"C"和"F"，分别代表按行排列和按列排列，即数组元素在内存中的出现顺序。

使用 asarray( )函数创建数组，代码如下：

```
import numpy as np                    # 导入 numpy 模块
n1 = np.asarray([1,2,3])              # 通过列表创建数组
n2 = np.asarray([(1,2),(1,3)])        # 通过列表的元组创建数组
n3 = np.asarray((1,2,3))             # 通过元组创建数组
n4 = np.asarray(((1,2),(1,3),(1,4)))  # 通过元组的元组创建数组
n5 = np.asarray(([1,2],[1,3]))        # 通过元组的列表创建数组
print(n1)
print(n2)
print(n3)
print(n4)
print(n5)
```

（2）frombuffer( )函数，由于 NumPy 中的 ndarray 数组对象不能像 Python 列表一样动态地改变其大小，因此在做数据采集时很不方便。下面介绍如何通过 frombuffer( )函数构建动态数组。frombuffer( )函数接受 buffer 输入参数，以流的形式将读入的数据转换为数组。frombuffer( )函数的语法如下：

```
numpy.frombuffer(buffer,dtype=float,count=-1,offset=0)
```

常见的元素参数如下：

buffer：实现了 buffer 方法的对象。

dtype：数组的数据类型。

count：读取的数据数量，默认值为-1，表示读取所有数据。

offset：读取的起始位置，默认值为 0。

将字符串"mingrisoft"转换为数组，代码如下：

```
import numpy as np
n = np.frombuffer( b 'mingrisoft', dtype = 'S1')
print( n)
```

代码解析：当 buffer 参数值为字符串时，Python3 版本默认字符串是 Unicode 类型，所以要转换成 Byte string 类型，需要在原字符串前加上 b。

（3）fromiter( ) 函数，用于从可迭代对象中建立数组对象，语法如下：

```
numpy.fromiter( iterable, dtype, count = -1)
```

常见的元素参数如下：

iterable：可迭代对象。

dtype：数组的数据类型。

count：读取的数据数量，默认值为-1，表示读取所有数据。

通过可迭代对象创建数组，代码如下：

```
import numpy as np
iterable = ( x * 2 for x i n range( 6))        # 遍历 0~6 并乘以 2, 返回可迭代
对象
n = np.fromiter( iterable, dtype = 'int')     # 通过可迭代对象创建数组
print( n)
```

（4）empty like( ) 函数，用于创建一个与给定数组具有相同维度和数据类型且未初始化的数组，语法如下：

```
numpy.empty like( prototype, dtype = None, order = 'K', subok = True)
```

常见的元素参数如下：

prototype：给定的数组。

dtype：覆盖结果的数据类型。

order：指定数组的内存布局，有 C（按行）、F（按列）、A（原顺序）、K（数据元素在内存中的出现顺序）。

subok：默认情况下，返回的数组被强制为基类数组。如果值为 True，则返回子类。

下面使用 empty like( ) 函数创建一个与给定数组具有相同维数、数据类型以

及未初始化的数组，代码如下：

```
import numpy as np
n＝np.empty like([[1,2],[3,4]])
print(n)                        # 输出两行两列为 0 的数组
```

（5） zeros like()函数，用于创建一个与给定数组维度和数据类型相同，并以 0 填充的数组，代码如下：

```
import numpy as np
n＝np.zeros like([[0.1,0.2,0.3],[0.4,0.5,0.6]])
print(n)
```

（6） ones like()函数，用于创建一个与给定数组维度和数据类型相同，并以 1 填充的数组，代码如下：

```
import numpy as np
n＝np.ones like([[0.1,0.2,0.3],[0.4,0.5,0.6]])
print(n)
```

（7） full like()函数，用于创建一个与给定数组维度和数据类型相同，并以指定值填充的数组，语法如下：

```
numpy.full like(a,fill_value,dtype＝None,order＝'K ',subok＝True)
```

常见的元素参数如下：

a：给定的数组。

fill_value：填充值。

dtype：数组的数据类型，默认值为 None，使用给定数组的数据类型。

order：指定数组的内存布局，有 C（按行）、F（按列）、A（原顺序）、K（数组元素在内存中的出现顺序）。

subok：默认情况下，返回的数组被强制为基类数组。如果值为 True，则返回子类。

创建一个与给定数组维度和数据类型相同，并以指定值"0.3"填充的数组，代码如下：

```
import numpy as np
a＝np.arange（6）          # 创建一个数组
print（a）
n1＝np.full like（a,8）       # 创建一个与数组 a 维度和数据类型相同的数组，
以 8 填充
n2＝np.full like（a,0.3）         # 创建一个与数组 a 维度和数据类型相同的数
组,以 0.3 填充
# 创建一个与数组 a 维度和数据类型相同的数组,以 0.3 填充,浮点型
n3＝np.full like（a,0.3,dtype＝'float'）
print（n1）
print（n2）
print（n3）
```

### 3.2.5　数组的运算

不用编写循环即可对数据执行批量运算，这就是 NumPy 数组运算的特点，称之为矢量化。大小相等的数组之间的任何算术运算，通过 NumPy 都可以实现。本节主要介绍简单的数组运算，如加、减、乘、除、幂运算等。下面创建两个简单的 NumPy 数组 n1 和 n2，数组 n1 包括元素 6、8，数组 n2 包括元素 3、4，实现这两个数组的运算。

（1）加法运算。例如，加法运算是数组中对应位置的元素相加，即每行对应相加。

在程序中直接将两个数组相加即可，即 n1+n2，代码如下：

```
import numpy as np
n1＝np.array（[6,8]）   # 创建一维数组
n2＝np.array（[3,4]）
print（n1+n2）          # 加法运算
```

（2）减法和乘、除法运算。除了加法运算，还可以实现数组的减法、乘法和除法运算。

实现数组的减法和乘、除法运算，在程序中直接将两个数组相减、相乘或相除即可，代码如下：

```
import numpy as np
n1 = np.array([6,8])        # 创建一维数组
n2 = np.array([3,4])
print(n1-n2)               # 减法运算
print(n1 * n2)             # 乘法运算
print(n1/n2)               # 除法运算
```

（3）幂运算。幂是数组中对应位置元素的幂运算，用两个"＊"表示。

数组 n1 的元素 6 和数组 n2 的元素 3，通过幂运算得到的是 6 的 3 次幂；数组 n1 的元素 8 和数组 n2 的元素 4，通过幂运算得到的是 8 的 4 次幂，代码如下：

```
import numpy as np
n1 = np.array([6,8])        # 创建一维数组
n2 = np.array([3,4])
print(n1 ** n2)            # 幂运算
```

（4）比较运算。数组的比较运算是数组中对应位置元素的比较运算，比较后的结果是布尔值数组，代码如下：

```
import numpy as np
n1 = np.array([6,8])        # 创建一维数组
n2 = np.array([3,4])
print(n1>=n2)             # 大于或等于
print(n1 == n2)           # 等于
print(n1<=n2)             # 小于或等于
print(n1!=n2)             # 不等于
```

（5）数组的标量运算。首先了解两个概念，即标量和向量。标量其实就是一个单独的数，而向量是一组数，这组数是按顺序排列的，这里我们理解为数组。那么，数组的标量运算也可以理解为是向量与标量之间的运算，"米"转换为"千米"时直接输入 n1/1000 即可，代码如下：

```
import numpy as np
n1 = np.linspace(7500,10000,6,dtype = 'int ')   # 创建等差数列数组
```

```
print(n1)                        # 输出数组
print(n1/1000)                   # "米"转换为"千米"
```

上述运算机制在 NumPy 中叫作"广播机制",它是一个非常有用的功能。

### 3.2.6 数组的索引和切片

NumPy 数组元素是通过数组的索引和切片来访问与修改的,因此索引和切片是 NumPy 中最重要、最常用的操作。

(1)索引。所谓数组的索引,指用于标记数组当中对应元素的唯一数字,从 0 开始,即数组中的第一个元素的索引是 0,依次类推。NumPy 数组可以使用标准 Python 语法 x[obj] 的语法对数组进行索引,其中,x 是数组,obj 是索引。通过索引获取二维数组中的元素,代码如下:

```
import numpy as np
n1 = np.array([[1,2,3],[4,5,6]])        # 创建二维数组
print(n1[1][2])                  # 输出二维数组中第 2 行第 3 列的元素
```

(2)切片式索引。数组的切片可以理解为对数组的分割,按照等分或者不等分,将一个数组切割为多个片段,它与 Python 中列表的切片操作一样。NumPy 中的切片用冒号分隔切片参数来进行操作,语法如下:

```
[start:stop:step]
```

常见的元素参数如下:

start:起始索引。

stop:终止索引。

step:步长。

实现简单的切片操作,对数组 n1 进行切片式的索引操作,代码如下:

```
import numpy as np
n1 = np.array([1,2,3])        # 创建一维数组
print(n1[0])                  # 输出第 1 个元素
print(n1[1])                  # 输出第 2 个元素
print(n1[0:2])                # 输出第 1 个元素至第 3 个元素(不包括第 3 个元素)
```

```
    print(n1[1:])                     # 输出从第 2 个元素开始以后的元素
    print(n1[:2])                     # 输出第 1 个元素(0 省略)至第 3 个元素(不包括
第 3 个元素)
```

切片式索引操作需要注意以下几点:

(1) 索引是左闭右开区间,如上述代码中的 n1[0:2],只能获取到索引从 0 到 1 的元素,而获取不到索引为 2 的元素。

(2) 当没有 start 参数时,代表从索引 0 开始取数,如上述代码中的 n1 [:2]。start、stop 和 step 3 个参数都可以是负数,代表反向索引。

设置常用的切片式索引操作,代码如下:

```
    import numpy as np
    n = np.arange(10)                 # 使用 arange()函数创建一维数组
    print(n)                          # 输出一维数组
    print(n[:3])                      # 输出第 1 个元素(0 省略)至第 4 个元素(不包
括第 4 个元素)
    print(n[3:6])                     # 输出第 4 个元素至第 7 个元素(不包括第 7 个元
素)
    print(n[6:])                      # 输出第 7 个元素至最后一个元素
    print(n[::])                      # 输出所有元素
    print(n[:])                       # 输出第 1 个元素至最后一个元素
    print(n[::2])                     # 输出步长是 2 的元素
    print(n[1::5])                    # 输出第 2 个元素至最后一个元素且步长是 5
的元素
    print(n[2::6])                    # 输出第 3 个元素至最后一个元素且步长是 6
的元素
    # start、stop、step 参数为负数时
    print(n[::-1])                    # 输出所有元素且步长是-1 的元素
    print(n[:-3:-1])                  # 输出倒数第 3 个元素至倒数第 1 个元素(不包括倒
数第 3 个元素)
    print(n[-3:-5:-1])                # 输出倒数第 3 个元素至倒数第 5 个元素且步长是
-1 的元素
```

print(n[-5::-1])　　　　　　　# 输出倒数第 5 个元素至最后一个元素且步长是-1 的元素

（3）二维数组索引。二维数组索引可以使用参数 array [n，m] 的方式，用逗号分割，表示第 n 个数组中的第 m 个元素。

创建一个 3 行 3 列的二维数组，实现简单的索引操作。n [1] 表示第 2 个数组；n [1，2] 表示第 2 个数组中的第 3 个元素，它等同于 n1，表示数组 n 中第 2 行第 3 列的值。实际上 n1 是先索引的第一个维度得到一个数组，然后在此基础上再索引。代码如下：

```
import numpy as np
# 创建 3 行 4 列的二维数组
n=np. array([[0,1,2],[4,5,6],[8,9,10]])
print(n[1])                # 输出第 2 行的元素
print(n[1,2])              # 输出第 2 行第 3 列的元素
print(n[-1])               # 输出倒数第 1 行的元素
```

### 3.2.7　数组重塑以及对数组进行增删改查

数组重塑实际是更改数组的形状，例如，将原来 2 行 3 列的数组重塑为 3 行 4 列的数组。在 NumPy 中主要使用 reshape 方法，该方法用于改变数组的形状。

（1）一维数组重塑。一维数组重塑就是将数组重塑为多行多列的数组。需要注意的是，数组重塑是基于数组元素不发生改变实现的，重塑后的数组所包含的元素个数必须与原数组的元素个数相同，如果数组元素发生改变，程序就会报错。

创建一个一维数组，然后通过 reshape 方法将其改为 2 行 3 列的二维数组，代码如下：

```
import numpy as np
n=np.arange(6)             # 创建一维数组
print(n)
n1=n.reshape(2,3)          # 将数组重塑为 2 行 3 列的二维数组
print(n1)
```

（2）多维数组重塑。多维数组重塑同样使用 reshape 方法。将 2 行 3 列的二

维数组重塑为 3 行 2 列的二维数组，关键代码如下：

```
n = np.array([[0,1,2],[3,4,5]])   # 创建二维数组关键代码
```

数组增、删、改、查的方法有很多种，下面我们来学习几种常用的方法。

第一，数组的增加。数组数据的增加可以按照水平方向增加数据，也可以按照垂直方向增加数据。水平方向增加数据主要使用 hstack( ) 函数，垂直方向增加数据主要使用 vstack( ) 函数。

创建两个二维数组，然后实现数组数据的增加，代码如下：

```
import numpy as np
# 创建二维数组
nl = np.array([[1,2],[3,4],[5,6]])
n2 = np.array([[10,20],[30,40],[50,60]])
print(np.hstack((nl,n2)))          # 水平方向增加数据
print(np.vstack((nl,n2)))          # 垂直方向增加数据
```

第二，数组的删除。数组的删除主要使用 delete 方法，实现删除指定的数组，代码如下：

```
import numpy as np
# 创建二维数组
n1 = np.array([[1,2],[3,4],[5,6]])
print(n1)
n2 = np.delete(n1,2,axis=0)        # 删除第 3 行
n3 = np.delete(n1,0,axis=1)        # 删除第 1 列
n4 = np.delete(n1,(1,2),0)         # 删除第 2 行和第 3 行
print('删除第 3 行后的数组:','\n',n2)
print('删除第 1 列后的数组:','\n',n3)
print('删除第 2 行和第 3 行后的数组:','\n',n4)
```

那么，对于不想要的数组或数组元素，还可以通过索引和切片方法只选取需要的数组或数组元素。

第三，数组的修改。当修改数组或数组元素时，直接为数组或数组元素赋值即可。代码如下：

```
import numpy as np
# 创建二维数组
nl = np. array([[1,2],[3,4],[5,6]])
print(nl)
n1[1] = [30,40]          # 修改第 2 行数组[3,4]为[30,40]
nl[2][1] = 88            # 修改第 3 行第 2 个元素 6 为 88
print('修改后的数组:','\n ',nl)
```

第四，数组的查询。数组的查询同样可以使用索引和切片方法来获取指定范围的数组或数组元素，还可以通过 where() 函数查询符合条件的数组或数组元素。where() 函数的语法如下：

```
numpy.where(condition,x,y)
```

上述语法中，第一个参数为一个布尔数组，第二个参数和第三个参数可以是标量也可以是数组。满足条件（参数 condition），输出参数 x；不满足条件，则输出参数 y。

数组查询，大于 5，输出 2；不大于 5，输出 0。代码如下：

```
import numpy as np
nl = np.arange(10)              # 创建一个一维数组
print(nl)
print(np.where(nl>5,2,0))     # 大于 5 输出 2,不大于 5 输出 0
```

如果不指定参数 x 和 y，则输出满足条件的数组元素的坐标。例如，上述举例不指定参数 x 和 y，关键代码如下：

```
n2 = nl[ np.where(nl>5)]
print(n2)
```

# 3.3　NumPy 矩阵的基本操作

在数学中经常会看到矩阵，而在程序中常用的是数组，可以简单理解为，矩阵是数学的概念，而数组是计算机程序设计领域的概念。在 NumPy 中，矩阵是数组的分支，数组和矩阵有些时候是通用的，二维数组也称为矩阵。下面简单介绍矩阵的基本操作。

　　NumPy 函数库中存在两种不同的数据类型（矩阵 matrix 和数组 array），它们都可以用于处理行列表示的数组元素，虽然它们看起来很相似，但是在这两个数据类型上执行相同的数学运算时，可能得到不同的结果。在 NumPy 中，矩阵应用十分广泛。例如，每个图像可以被看作像素值矩阵。假设一个像素值仅为 0 和 1，那么 5×5 大小的图像就是一个 5×5 的矩阵，而 3×3 大小的图像就是一个 3×3 的矩阵。使用 mat( ) 函数创建矩阵，代码如下：

```
import numpy as np
a = np.mat('56;78')
b = np.mat([[1,2],[3,0]])
print(a)
print(b)
print(type(a))
print(type(b))
n1 = np.array([[1,2],[3,0]])
print(n1)
print(type(n1))
```

　　mat( ) 函数创建的是矩阵类型，array( ) 函数创建的是数组类型，而用 mat( ) 函数创建的矩阵才能进行一些线性代数的操作。

　　说明：mat( ) 函数只适用于二维矩阵，当维数超过 2 后，mat( ) 函数就不适用了，从这一点来看 array( ) 函数更具有通用性。

　　如果两个矩阵的大小相同，我们可以使用算术运算符"+""-""＊"和"/"对矩阵进行加、减、乘、除的运算，创建两个矩阵 data1 和 data2，实现矩阵的加法、减法、除法运算。代码如下：

```
import numpy as np
# 创建矩阵
data1 = np.mat([[1,2],[3,4],[5,6]])
data2 = np.mat([1,2])
```

```
print(data1+data2)                   # 矩阵加法运算
print(data1-data2)                   # 矩阵减法运算
print(data1/data2)                   # 矩阵除法运算
```

当我们对上述矩阵进行乘法运算时，程序出现了错误，原因是矩阵的乘法运算要求左边矩阵的列数和右边矩阵的行数要一致。由于上述矩阵 data2 是一行，因此导致程序出错。将矩阵中的 data2 改为 2×2 矩阵，再进行矩阵的乘法运算，代码如下：

```
import numpy as np
# 创建矩阵
data1 = np.mat([[1,2],[3,4],[5,6]])
data2 = np.mat([[1,2],[3,4]])
print(data1 * data2)                 # 矩阵乘法运算
```

上述示例是两个矩阵直接相乘，称之为矩阵相乘。矩阵相乘是第一个矩阵中与该元素行号相同的元素同第二个矩阵与该元素列号相同的元素，两两相乘后再求和，即第一个矩阵第 1 行元素与第二个矩阵第 1 列元素两两相乘求和。

数组运算和矩阵运算的一个关键区别是，矩阵相乘使用的是点乘。点乘，也称点积，是数组中元素对应位置一一相乘之后求和的操作，在 NumPy 中专门提供了点乘方法，即 dot 方法，该方法返回的是两个数组的点积。

比较数组相乘与数组点乘运算，代码如下：

```
import numpy as np
# 创建数组
n1 = np.array([1,2,3])
n2 = np.array([[1,2,3],[1,2,3],[1,2,3]])
print('数组相乘结果为:','\n',n1 * n2)              # 数组相乘
print('数组点乘结果为:','\n',np.dot(n1,n2))        # 数组点乘
```

而要实现矩阵对应元素之间的相乘可以使用 multiply( ) 函数，代码如下：

```
import numpy as np
n1 = np.mat('1 3 3;4 5 6;7 12 9')              # 创建矩阵,使用分号隔开数据
```

n2 = np.mat('2 6 6;8 10 12; 14 24 18')

print('矩阵相乘结果为:\n', nl * n2)　　　# 矩阵相乘

print('矩阵对应元素相乘结果为:\n', np. multiply(n1, n2))

# 3.4　利用 NumPy 进行统计分析

### 3.4.1　与数学运算相关的函数

NumPy 中包含大量的各种数学运算的函数，包括三角函数、算术运算函数、复数处理函数等，具体如表 3-1 所示。

表 3-1　数学运算函数参数说明

| 函数 | 说明 |
| --- | --- |
| add()、subtract()、multiply()、divide() | 简单的数组加、减、乘、除运算 |
| abs() | 取数组中各元素的绝对值 |
| sqrt() | 计算数组中各元素的平方根 |
| square() | 计算数组中各元素的平方 |
| log()、log10()、log2() | 计算数组中各元素的自然对数和分别以 10、2 为底的对数 |
| reciprocal() | 计算数组中各元素的倒数 |
| power() | 第一个数组中的元素作为底数，计算它与第二个数组中相应元素的幂 |
| mod() | 计算数组之间相应元素相除后的余数 |
| around() | 计算数组中各元素指定小数位数的四舍五入值 |
| ceil()、floor() | 计算数组中各元素向上取整和向下取整 |
| sin()、cos()、tan() | 计算数组中角度的正弦值、余弦值和正切值 |
| modf() | 将数组各元素的小数和整数部分分割为两个独立的数组 |
| exp() | 计算数组中各个元素的指数值 |
| sign() | 计算数组中各个元素的符号值 1（+）、0、−1（−） |
| maximum()、fmax() | 计算数组元素的最大值 |
| minimum()、fmin() | 计算数组元素的最小值 |

| 函数 | 说明 |
| --- | --- |
| copysign(a, b) | 将数组 b 中各个元素的符号赋值给与数组 a 对应的元素 |

利用表 3-1，我们来学习几个常用的数学运算函数。

（1）加、减、乘、除。NumPy 算术函数包含简单的加、减、乘、除，如 add()函数、subtract()函数、multiply()函数和 divide()函数。这里要注意的是，数组必须具有相同的形状或符合数组的广播规则。

设置数组加、减、乘、除运算，代码如下：

```
import numpy as np
n1 = np.array([[1,2,3],[4,5,6],[7,8,9]])        # 创建数组
n2 = np.array([10,10,10])
print('两个数组相加：')
print(np.add(n1,n2))
print('两个数组相减：')
print(np.substract(n1,n2))
print('两个数组相乘：')
print(np.multiply(n1,n2))
print('两个数组相除：')
print(np.divide(n1,n2))
```

（2）倒数。reciprocal()函数用于返回数组中各个元素的倒数，如 4/3 的倒数是 3/4。

计算数组元素的倒数，代码如下：

```
import numpy as np
a = np.array([0.25,1.75,2,100])
print(np.reciprocal(a))
```

（3）求幂。power()函数将第一个数组中的元素作为底数，计算它与第二个数组中相应元素的幂。

对数组元素进行幂运算，代码如下：

```
import numpy as np
n1=np.array([10,100,1000])
print(np.power(n1,3))
n2=np.array([1,2,3])
print(np.power(n1,n2))
```

（4）取余。mod( )函数用于计算数组之间相应元素相除后的余数。

对数组元素进行取余，代码如下：

```
import numpy as np
n1=np.array([10,20,30])
n2=np.array([4,5,-8])
print(np.mod(n1,n2))
```

拓展介绍 NumPy 负责取余的算法，公式如下：

$$r=a-n*[a//n]$$

其中，r 为余数，a 是被除数，n 是除数，"//"为运算取商时保留整数的下界，即偏向于较小的整数。下面针对负数取余的三种不同情况进行举例：

余数＝30-(-8)*(30//(-8))＝30-(-8)*(-4)＝30-32＝-2

余数＝-30-(-8)*(-30//(-8))＝-30-(-8)*(3)＝-30+24＝-6

余数＝-30-(8)*(-30//(8))＝-30-(8)*(-4)＝-30+32＝2

### 3.4.2　统计分析函数

统计分析函数是指对整个 NumPy 数组或某条轴的数据进行统计运算，函数介绍如表 3-2 所示。

表 3-2　统计分析函数参数说明

| 函数 | 说明 |
| --- | --- |
| sum( ) | 对数组中的元素或某行某列的元素求和 |
| cumsum( ) | 所有数组元素累计求和 |
| cumprod( ) | 所有数组元素累计求积 |
| mean( ) | 计算平均值 |

| 函数 | 说明 |
|---|---|
| min( )、max( ) | 计算数组的最小值和最大值 |
| average( ) | 计算加权平均值 |
| median( ) | 计算数组中元素的中位数（中值） |
| var( ) | 计算方差 |
| std( ) | 计算标准差 |
| eg( ) | 对数组的第二维度的数据进行求平均 |
| argmin( )、argmax( ) | 计算数组的最小值和最大值的下标（注：是一维的下标） |
| unravel_index( ) | 根据数组形状将一维下标转换成多维下标 |
| ptp( ) | 计算数组最大值和最小值的差 |

下面介绍几个常用的统计函数。

（1）求和 sum( ) 函数。对数组元素求和、对数组元素按行和按列求和，代码如下：

```
import numpy as np
n＝np.array([[1,2,3],[4,5,6],[7,8,9]])
print('对数组元素求和：')
print(n.sum( ))
print('对数组元素按行求和：')
print(n.sum(axis＝0))
print('对数组元素按列求和：')
print(n.sum(axis＝1))
```

（2）求平均值 mean( ) 函数。对数组元素求平均值、对数组元素按行求平均值和按列求平均值，关键代码如下：

```
print('对数组元素求平均值：')
print(n. mean( ))
print('对数组元素按行求平均值：')
print(n.mean(axis＝0))
print('对数组元素按列求平均值')
print(n.mean(axis＝1))
```

（3）求最大值和最小值 max( ) 函数、min( ) 函数。下面对数组元素求最大值和最小值，关键代码如下：

```
print('数组元素最大值:')
print(n.max( ))
print('数组中每一行的最大值:')
print(n.max(axis=0))
print('数组中每一列的最大值:')
print(n.max(axis=1))
print('数组元素最小值:')
print(n.min( ))
print('数组中每一行的最小值:')
print(n.min(axis=0))
print('数组中每一列的最小值:')
print(n.min(axis=1))
```

对二维数组求最大值在实际应用中非常广泛。例如，统计销售冠军时就可以使用该方法。

（4）求加权平均值 average( ) 函数。在日常生活中，常用平均数表示一组数据的"平均水平"。在一组数据中，一个数据出现的次数被称为权。将一组数据与出现的次数相乘再平均计算就是"加权平均"。加权平均能够反映一组数据中的各个数据的重要程度，以及对整体趋势的影响。加权平均在日常生活中应用非常广泛，如考试成绩、竞技比赛等。

某电商在开学季、"618"、"双 11"、"双 12"等活动中设定的价格都不同，下面计算加权平均价，代码如下：

```
import numpy as np
price=np.array([34.5,36,37.8,39,39.8,33.6])          # 创建"单价"数组
number=np.array([900,580,230,150,120,1800])      # 创建"销售数量"数组
print('加权平均价:')
print(np.average(price,weights=number))
```

# 3.5 本章小结

本章重点阐述了 NumPy 简介、创建数组、NumPy 矩阵的基本操作、利用 NumPy 进行统计分析，以及一些具体代码案例的展示，这里要增添说明一个概念就是区间问题："左闭右开区间"是指包括起始值但不包括终止值的一个数值区间；"左开右闭区间"是指不包括起始值但包括终止值的一个数值区间；"闭区间"是指既包括起始值又包括终止值的一个数值区间。

**思考题**

1. 简述 NumPy 的功能，可以举例说明。

2. 请创建一个等差数列数组。

3. 从已有的数组中创建数组有几种方式？请择一举例说明。

4. 使用 mat( ) 函数创建常见的矩阵：创建一个 2 * 4 的 1 矩阵；使用 random 模块的 rand( ) 函数创建一个 3 * 3 在 0~1 随机产生的二维数组，并将其转换为矩阵；创建一个 1~8 的随机整数矩阵；创建对角矩阵。

5. 如何对数组进行排序呢？

**练习题**

1. 使用 NumPy 生成均值为 1、标准差为 0.2 的一维正态分布样本 888 个，并用图表显示出来。

2. 计算某电商在开学季、"618"、"双 11"、"双 12"等活动中价格的中位数。

3. 在 NumPy 中实现计算数组的方差和标准差。

# 第 4 章 Pandas 统计分析

## 4.1 Pandas 简介

可以通过 PyCharm 开发环境安装。运行 PyCharm，选择"File→Settings"菜单项，打开"Settings"窗口，选择"Project Interpreter"选项，然后单击添加（+）按钮。这里要注意的是，在"Project Interprter"选项中应选择当前工程项目使用的 Python 版本。

单击添加（+）按钮，打开"Available Packages"窗口，在搜索文本框中输入需要添加的模块名称，例如"pandas"，然后在列表中选择需要安装的模块，单击"Install Package"按钮，即可实现 Pandas 模块的安装。另外，还需要注意一点，Pandas 有一些依赖库。如果缺少依赖库，我们可以 cmd 命令安装。

解决办法：安装 xlrd 模块和 xlwt 模块，执行 pip install xlrd 命令或通过 PyCharm 开发环境安装 xlrd 模块；执行 pip install xlwt 命令或通过 PyCharm 开发环境安装 xlwt 模块。由于后面举例时经常会用到这两项操作，因此需要同时安装 xlrd 和 xlwt 两个模块。

Pandas 提供的两个主要数据结构 Series（一维数组结构）与 DataFrame（二维数组结构），可以处理金融、统计、社会科学、工程等领域里的大多数典型案例，并且 Pandas 是基于 NumPy 开发的，它可以与其他第三方科学计算库完美集成。Pandas 是数据分析的"三大剑客"之一，是 Python 的核心数据分析库，它提供了快速、灵活、明确的数据结构，能够简单、直观、快速地处理各种类型的数据，具体介绍如下：

Pandas 能够处理的数据类型包括与 SQL 或 Excel 表类似的数据，有序和无序（非固定频率）的时间序列数据，带行列标签的矩阵数据，任意其他形式的观测、统计数据集。

## 4.2　Series 对象

创建 Series 对象时，主要使用 Pandas 的 Series 方法，语法如下：

```
s = pd.Series(data,index = index)
```

常见的元素参数如下：

data：表示数据，支持 Python 字典、多维数组、标量值（即只有大小、没有方向的量。也就是说，只是一个数值，如 s = pd.Series(5)）。

index：表示行标签（索引）。

返回值：Series 对象。

说明：当 data 参数是多维数组时，index 长度必须与 data 长度一致。如果没有指定 index 参数，将自动创建数值型索引（从 0~data 的数据长度减 1）。

创建一个 Series 对象，为成绩表添加一列"M 课"成绩，代码如下：

```
import pandas as pd
s1 = pd.Series([88,66,77])
print(s1)
```

上述示例中，如果通过 Pandas 模块引入 Series 对象，那么就可以直接在程序中使用 Series 对象了，关键代码如下：

```
from pandas import Series
s1 = Series([88,66,77])
```

（1）手动设置 Series 索引。创建 Series 对象时会自动生成整数索引，默认值从 0 开始至数据长度减 1。例如，在上一节示例中使用的就是默认索引，如 0、1、2。除了使用默认索引，还可以通过 index 参数手动设置索引。

下面手动设置索引，将"物理"成绩的索引设置为 1、2、3，也可以是"A 同学""B 同学""C 同学"，代码如下：

```
import pandas as pd
s1 = pd.Series([88,66,77],index=[1,2,3])
s2 = pd.Series([88,66,77],index=['A 同学','B 同学','C 同学'])
print(s1)
print(s2)
```

（2）Series 的位置索引、标签索引。位置索引是从 0 开始，[0] 是 Series 的第一个数；[1] 是 series 的第二个数，依次类推。获取第一个学生的物理成绩，代码如下：

```
import pandas as pd
s1 = pd.Series([88,66,77])
print(s1[0])
```

注意：Series 对象不能使用 [-1] 定位索引。

Series 标签索引与位置索引方法类似，用"[]"表示，里面是索引名称，注意 index 的数据类型是字符串，如果需要获取多个标签索引值，则用"[[]]"表示（相当于在"[]"中包含一个列表）。

# 4.3　DataFrame 常用操作

## 4.3.1　图解 DataFrame、创建对象

DataFrame 是 Pandas 库中的一种数据结构，它是由多种类型的列组成的二维表数据结构，类似于 Excel、SQL 或 Series 对象构成的字典。DataFrame 是最常用的 Pandas 对象，它与 Series 对象一样支持多种类型的数据。DataFrame 是一个二维表数据结构，即由行列数据组成的表格。DataFrame 既有行索引也有列索引，它可以看作由 Series 对象组成的字典，不过这些 Series 对象共用一个索引。处理

DataFrame 表格数据时，用 index 表示行或用 columns 表示列更直观，而且用这种方式迭代 DataFrame 对象的列，代码更易读懂。

遍历 DataFrame 数据，输出成绩表的每一列数据，代码如下：

```
import pandas as pd
# 解决数据输出时列名不对齐的问题
pd.set_option('display. unicode. east_asian_width',True)
data=[[111,105,99],[105,66,115],[104,127,117]]
index=[0,1,2]
columns=['a','b','c']
# 创建 DataFrame 数据
df=pd.DataFrame(data=data,index=index,columns=columns)
print(df)
# 遍历 DataFrame 数据的每一列
for col in df.columns:
    series=df[col]
    print(series)
```

上述代码返回的其实是 Series。Pandas 之所以提供多种数据结构，其目的就是使代码易读，操作起来更加方便。

创建 DataFrame 对象主要使用 Pandas 模块的 DataFrame 方法，语法如下：

```
pandas.DataFrame(data,index,columns,dtype,copy)
```

常见的元素参数如下：

data：表示数据，可以是 ndarray 数组、series 对象、列表、字典等。

index：表示行标签（索引）。

columns：表示列标签（索引）。

dtype：每一列数据的数据类型，其与 Python 数据类型有所不同，如 object 数据类型对应的是 Python 的字符型。如表 4-1 所示，是 Pandas 数据类型与 Python 数据类型的对应。

copy：用于复制数据。

返回值：DataFrame。

数据类型对应如表 4-1 所示。

表 4-1　数据类型对应

| Pandas 数据类型 | Python 数据类型 |
|---|---|
| object | str |
| int64 | int |
| float64 | float |
| bool | bool |
| datetime64 | datetime64 ［ns］ |
| timedelta ［ns］ | NA |
| category | NA |

下面通过两种方法来创建 DataFrame 对象，即二维数组和字典。通过二维数组创建成绩表，包括语文、数学和英语，代码如下：

```
import pandas as pd
# 解决数据输出时列名不对齐的问题
pd.set_option( 'display.unicode. east_asian_width ' , True )
data = [ [ 111 , 105 , 99 ] , [ 105 , 66 , 115 ] , [ 104 , 127 , 117 ] ]
columns = [ '语文' , '数学' , '英语' ]
df = pd.DataFrame( data = data , columns = columns )
print( df )
```

通过字典创建 DataFrame，需要注意，字典中的 value 值只能是一维数组或单个的简单数据类型，如果是数组，则要求所有的数组长度一致；如果是单个数据，则每行都需要添加相同数据。通过字典创建成绩表，信息包括语文、数学、英语和班级，代码如下：

```
import pandas as pd
# 解决数据输出时列名不对齐的问题
pd.set_option( 'display. unicode. east_asian_width ' , True )
df = pd.DataFrame( {
```

```
'语文':[111,105,99],
'数学':[105,66,115],
'英语':[104,127,117],
'班级':'高二 10 班'
},index=[0,1,2])
print(df)
```

在上述代码中，"班级"的 value 值是单个数据，所以每一行都添加了相同的数据"高二 10 班"。

### 4.3.2 DataFrame 重要属性和函数

DataFrame 是 Pandas 中一个重要的对象，它的属性和函数有很多，下面先简单了解一下 DataFrame 对象的几个重要属性和函数，重要属性及描述如表 4-2 所示。

表 4-2 重要属性及描述

| 属性 | 描述 | 举例 |
| --- | --- | --- |
| values | 查看所有元素的值 | df.values |
| dtypes | 查看所有元素的类型 | df.dtypes |
| index | 查看所有行名、重命名行名 | df.index df.index=[1, 2, 3] |
| columns | 查看所有列名、重命名列名 | df.columns df.columns=['a', 'b', 'c'] |
| T | 行列数据转换 | df.T |
| head | 查看前 n 条数据，默认 5 条 | df.head df.head（10）dftail0  dftail（10）df.shape［0］ df.shape［1］ |
| tail | 查看后 n 条数据，默认 5 条 | |
| shape | 查看行数和列数，［0］表示行，［1］表示列 | |
| info | 查看索引，数据类型和内存信息 | df. info |

重要函数及描述如表 4-3 所示。

表 4-3 重要函数及描述

| 函数 | 说明 | 举例 |
| --- | --- | --- |
| describe() | 查看每列的统计汇总信息，DataFrame 类型 | df. describe() |

续表

| 函数 | 说明 | 举例 |
|------|------|------|
| count( ) | 返回每一列中的非空值的个数 | df. count( ) |
| sum( ) | 返回每一列的和，无法计算返回空值 | df. sum( ) |
| max( ) | 返回每一列的最大值 | df. max( ) |
| min( ) | 返回每一列的最小值 | df. min( ) |
| argmax( ) | 返回最大值所在的自动索引位置 | df. argmax( ) |
| argmin( ) | 返回最小值所在的自动索引位置 | df. argmin( ) |
| idxmax( ) | 返回最大值所在的自定义索引位置 | df. idxmax( ) |
| idxmin( ) | 返回最小值所在的自定义索引位置 | df. idxmin( ) |
| mean( ) | 返回每一列的平均值 | df. mean( ) |
| median( ) | 返回每一列的中位数（中位数又称中值，是统计学专有名词，是指按顺序排列的一组数据中居于中间位置的数） | df. media( ) |
| var( ) | 返回每一列的方差［方差用于度量单个随机变量的离散程度（不连续程度）］ | df. var( ) |
| std( ) | 返回每一列的标准差（标准差是方差的算术平方根，反映数据集的离散程度） | df. std( ) |
| isnull( ) | 检查 df 中的空值，空值为 True：否则为 Falsc，返回布尔型数组 | df. isnull( ) |
| notnull( ) | 检查 df 中的空值，非空值为 True：否则为 False，返回布尔型数组 | df. notnull( ) |

### 4.3.3　导入数据文件

数据分析首先要有数据。对于多种多样的数据类型，本节介绍如何导入不同类型的外部数据。

这里主要介绍导入 .xls 或 .xlsx 文件，导入 .csv 文件。

（1）导入 .xls 或 .xlsx 文件。导入 .xls 或 .xlsx 文件时主要使用 Pandas 的 read_excel 方法，语法如下：

pandas.read _ excel ( io, sheet _ name = 0, header = 0, names = None, index _ col = None, usecols = None, squeeze = False, dtype = None, engine = None, converters = None, true _ values = None, false _ values = None, skiprows = None, nrow = None, na _ values = None, keep_default_na = True, verbose = False, parse_dates = False, date_parser = None, thousands = None, comment = None, skipfooter = 0, conver _ float = True, mangle _ dupe _ cols = True, * * kwds )

常见的元素参数如下：

io：字符串，.xls 或 .xlsx 文件路径或类文件对象。

sheet_name：None、字符串、整数、字符串列表或整数列表，默认值为 0。字符串用于工作表名称；整数为索引，表示工作表位置，字符串列表或整数列表用于请求多个工作表，为 None 时则获取所有的工作表。参数值如表 4-4 所示。

表 4-4    sheet_ name 参数值及说明

| 参数值 | 说明 |
| --- | --- |
| sheet_name = 0 | 第一个 Sheet 页中的数据作为 DataFrame 对象 |
| sheet name = 1 | 第二个 Sheet 页中的数据作为 DataFrame 对象 |
| sheet name = "Sheet1" | 名为 "Sheet1" 的 Sheet 页中的数据作为 DataFrame 对象 |
| sheetname = [ 0，1，'Sheet3 '] | 第一个、第二个和名为 "Sheet3" 的 Sheet 页中的数据作为 DataFrame 对象 |

header：指定作为列名的行，默认值为 0，即取第一行的值为列名。数据为除列名以外的数据；若数据不包含列名，则设置为 header = None。

names：默认值为 None，要使用的列名列表。

index_col：指定列为索引列，默认值为 None，索引 0 是 DataFrame 对象的行标签。

usecols：int、list 或字符串，默认值为 None。

其中，如果为 None，则解析所有列；如果为 int，则解析最后一列；如果为 list 列表，则解析列号和列表的列；如果为字符串，则表示以逗号分隔的 Excel 列字母和列范围列表（例如，"A：E" 或 "A，C，E：F"），范围包括双方。

squeeze：布尔值，默认值为 False，如果解析的数据只包含一列，则返回一个 Series。

dtype：列的数据类型名称或字典，默认值为 None。例如，{为 ' a '：np.float64，'b '：np.int32}。

skiprows：省略指定行数的数据，从第一行开始。

skipfooter：省略指定行数的数据，从尾部数的行开始。

下面将详细介绍如何导入.xlsx 文件。导入 "1 月.xlsx" 的 Excel 文件，代码示例如下：

```
import pandas as pd
# 解决数据输出时列名不对齐的问题
pd.set_option( 'display.unicode.east_asian_width ', True )
df = pd.read_excel( '1 月.xlsx ')
print( df.head( ) )# 输出前 5 条数据
```

导入外部数据，必然要涉及路径问题，下面来复习一下相对路径和绝对路径的知识。

相对路径就是以当前文件为基准，从而一级级目录指向被引用的资源文件。以下是常用的表示当前目录和当前目录的父级目录的标识符：

../：表示当前文件所在目录的上一级目录。

./：表示当前文件所在的目录（可以省略）。

/：表示当前文件的根目录（域名映射或硬盘目录）。

如果使用系统默认文件路径" \ "，那么在 Python 中则需要在路径最前面加一个 r，以避免路径里面的" \ "被转义。

绝对路径是文件真正存在的路径，是指从硬盘的根目录（盘符）开始，从而一级级目录指向文件。

（2）导入.csv 文件。导入.csv 文件时主要使用 Pandas 的 read_ csv 方法，语法如下：

pandas.read_csv( filepath_or_buffer, sep = ',', delimiter = None, header = 'infer ', names = None, index_col = None, usecols = None, squeeze = False, prefix = None, mangle_dupe_cols = True, dtype = None, engine = None, converters = None, true_values = None, false_values = None, skipinitialspace = False, skiprows = None, nrows = None, na_values = None, keep_default_na = True, na_filter = True, verbose = False, skip_blank_lines = True, parse_dates = False, infer_datetime_format = False, keep_date_col = False, date_parser = None, dayfirst = False, iterator = False, chunksize = None, compression = 'infer ', thousands = None, decimal = b '. ', lineterminator = None, quotechar = '" ', quoting = 0, escapechar = None, comment = None, encoding = None)

常用常见的元素参数如下：

filepath_or_buffer：字符串，文件路径，也可以是 URL 链接。

sep、delimiter：字符串，分隔符。

header：指定作为列名的行，默认值为 0，即取第一行的值为列名。数据为除列名以外的数据，若数据不包含列名，则设置 header=None。

names：默认值为 None，要使用的列名列表。

index_col：指定列为索引列，默认值为 None，索引 0 是 DataFrame 对象的行标签。

usecols：int、list 或字符串，默认值为 None。

如果为 None，则解析所有列；如果为 int，则解析最后一列；如果为 list 列表，则解析列号、列表的列；如果为字符串，则表示以逗号分隔的 Excel 列字母和列范围列表（例如，"A：E"或"A，C，E：F"），范围包括双方。

dtype：列的数据类型名称或字典，默认值为 None，如{'a'：np.float64,'b'：np.int32}。

parse_ dates：布尔类型值、int 类型值的列表、列表或字典，默认值为 False。可以通过 parse_ dates 参数直接将某列转换成 datetime64 的日期类型，如"df1=pd.read_csv('1 月.csv',parse_dates=['订单付款时间'])"。

当 parse_dates 为 True 时，尝试解析索引。当 parse_dates 为 int 类型值组成的列表时，如［1，2，3］，则解析 1、2、3 列的值作为独立的日期列。当 parse_dates 为列表组成的列表时，如［［1，3］］，则将 1、3 列合并，作为一个日期列使用。当 parse_dates 为字典时，如{'总计'：［1，3］}，则将 1、3 列合并，合并后的列名为"总计"。

encoding：字符串，默认值为 None，文件的编码格式。

返回值：返回一个 DataFrame 对象。

导入 .csv 文件，代码如下：

```
import pandas as pd
# 设置数据显示的最大列数和宽度
pd.set_option('display.max_columns',500)
pd.set_option('display.width',1000)
# 解决数据输出时列名不对齐的问题
pd.set_option('display.unicode. east_asian_width',True)
df1=pd.read_csv('1 月.csv',encoding='gbk')    # 导入.csv 文件,并指定编码格式
print(df1.head())# 输出前 5 条数据
```

注意：上述代码中指定了编码格式，即 encoding = 'gbk '。Python 常用的编码格式是 UTF-8 和 GBK 格式，默认编码格式为 UTF-8。导入.csv 文件时，需要通过 encoding 参数指定编码格式。当我们将 Excel 文件另存为.csv 文件时，默认编码格式为 GBK，此时编写代码导入.csv 文件就需要设置编码格式为 GBK，与原文件的编码格式保持一致，否则会提示错误。

# 4.4　数据抽取

## 4.4.1　抽取行数据

### 4.4.1.1　抽取一行数据

在数据分析过程中，并不是所有的数据都是我们想要的，此时可以抽取部分数据，主要使用 DataFrame 对象中的 loc 属性和 iloc 属性。

DataFrame 对象中的 loc 属性和 iloc 属性都可以抽取数据，区别如下：

（1）loc 属性：以列名（columns）和行名（index）作为参数，当只有一个参数时，默认是行名，即抽取整行数据，包括所有列，如 df. loc［'A '］。

（2）iloc 属性：以行和列位置索引（即 0、1、2…）作为参数，0 表示第一行，1 表示第二行，以此类推。当只有一个参数时，默认是行索引，即抽取整行数据，包括所有列，如抽取第一行数据，df.iloc［0］，抽取一行数据需要使用 loc 属性。

例如，抽取 1 行名为"A 同学"的考试成绩数据（包括所有列），代码如下：

```
import pandas as pd
# 解决数据输出时列名不对齐的问题
pd.set_option('display.unicode.east_asian_width ',True)
data=［［110,105,99］,［105,88,115］,［109,120,130］,［112,115］］
name=［'A 同学','C 同学',B 同学','D 同学'］
columns=［'语文','数学','英语'］
df=pd.DataFrame(data=data,index=name,columns=columns)
print(df.loc［'A 同学'］)
```

想要使用 iloc 属性抽取第一行数据，指定行索引即可，如 df.iloc［0］。

#### 4.4.1.2 抽取任意多行数据

通过 loc 属性和 iloc 属性指定行名和行索引即可实现抽取任意多行数据。

抽取行名为"A 同学"和"B 同学"（即第 1 行和第 3 行数据）的考试成绩数据，关键代码如下：

```
print(df.loc[['A 同学','B 同学']])
print(df.iloc[[0,2]])
```

在 loc 属性和 iloc 属性中合理使用冒号"："，即可抽取连续任意多行数据。实现抽取连续几个学生的考试成绩，关键代码如下：

```
print(df.loc['A 同学':'D 同学'])# 从"A 同学"到"D 同学"
print(df.loc[:'C 同学'])# 第 1 行到"C 同学"
print(df.iloc[0:4])# 第 1 行到第 4 行
print(df.iloc[1::])# 第 2 行到最后 1 行
```

### 4.4.2 按指定条件抽取数据

使用 DataFrame 对象实现数据查询有以下 3 种方式：

（1）取其中的一个元素，如 iat［x，x］。

（2）基于位置的查询，如 iloc［］、iloc［2，1］。

（3）基于行列名称的查询，如 loc［x］。

抽取语文成绩大于 103 分、数学成绩大于 80 分的数据，代码如下：

```
import pandas as pd
# 解决数据输出时列名不对齐的问题
pd.set_option('display. unicode. east_asian_width ',True)
data=[[110,105,99],[105,88,115],[109,120,130],[112,115]]
name=['A 同学','C 同学','B 同学','D 同学']
columns=['语文','数学','英语']
df=pd.DataFrame(data=data,index=name,columns=columns)
print(df.loc[(df['语文']>103)&(df['数学']>80)])
```

抽取指定行列数据主要使用 loc 属性和 iloc 属性，这两个方法中的两个参数都指定后，就可以实现指定行列数据的抽取。

使用 loc 属性和 iloc 属性抽取指定学科和指定学生的考试成绩，代码如下：

```
import pandas as pd
# 解决数据输出时列名不对齐的问题
pd.set_option( 'display. unicode. east_asian_width ',True)
data = [[110,105,99],[105,88,115],[109,120,130],[112,115]]
name = ['A 同学','C 同学',B 同学','D 同学']
columns = ['语文','数学','英语']
df = pd.DataFrame( data = data,index = name,columns = columns)
print( df.loc['C 同学','英语'])    # "英语"成绩
print( df.loc[['C 同学'],['英语']])    # "C 同学"的"英语"成绩
print( df. loc[['C 同学'],['数学','英语']])# "C 同学"的"数学"和"英语"
成绩
print( df.iloc[[1],[2]])# 第 2 行第 3 列
print( df.iloc[1:,[2]])    # 第 2 行到最后一行的第 3 列
print( df.iloc[1:,[0,2]])    # 第 2 行到最后一行的第 1 列和第 3 列
print( df.iloc[:,2])# 所有行,第 3 列
```

在上述结果中，第一个输出结果是一个数字，不是数据，这是由于"df.loc ['C 同学','英语']"语句中没有使用方括号 []，导致输出的数据不是 DataFrame 对象。

## 4.5　数据的增删改查、数据清洗

### 4.5.1　增加数据

本节主要介绍如何操纵 DataFrame 对象中的各种数据。例如，数据的增加、修改和删除等。在 DataFrame 对象中增加数据主要包括列数据和行数据的增加。原始数据如表 4-5 所示。

| | 语文 | 数学 | 英语 |
|---|---|---|---|
| A 同学 | 110 | 105 | 99 |
| C 同学 | 105 | 88 | 115 |
| B 同学 | 109 | 120 | 130 |
| D 同学 | 112 | 115 | 140 |

表 4-5　原始数据　　　　　　　　　单位：分

（1）按列增加数据。可以通过以下三种方式实现：

第一种，直接为 DataFrame 对象赋值。增加一列"物理"成绩，代码如下：

```
import pandas as pd
# 解决数据输出时列名不对齐的问题
pd.set_option('display.unicode.east_asian_width',True)
data=[[110,105,99],[105,88,115],[109,120,130],[112,115,140]]
name=['A 同学','C 同学','B 同学','D 同学']
columns=['语文','数学','英语']
df=pd.DataFrame(data=data,index=name,columns=columns)
df['物理']=[88,79,60,50]
print(df)
```

第二种，使用 loc 属性在 DataFrame 对象的最后增加一列。例如，增加"物理"一列，关键代码如下：

```
df.loc[:,'物理']=[88,79,60,50]
```

在 DataFrame 对象的最后增加一列"物理"，其值为等号的右边数据。

第三种，在指定位置插入一列，主要使用 insert 方法。例如，在第一列的后面插入"物理"，其值为 wl 的数值，关键代码如下：

```
wl=[88,79,60,50]
df.insert(1,'物理',wl)
print(df)
```

（2）按行增加数据。可以通过以下两种方式实现：

第一种，增加一行数据。主要使用 loc 属性实现。在成绩表中增加一行数据，

即"E 同学"的成绩,关键代码如下:

> df.loc['E 同学'] = [100,120,99]

第二种,增加多行数据。主要使用字典并结合 append 方法实现。在原有数据中增加"E 同学""童年"和"无名"同学的考试成绩,关键代码如下:

> df_insert = pd.DataFrame({'语文':[100,123,138],'数学':[99,142,60],'英语':[98,139,99]},index = ['E 同学','童年','无名'])
> df1 = df. append(df_insert)

### 4.5.2　修改数据与删除数据

#### 4.5.2.1　修改数据

(1) 修改列标题。主要使用 DataFrame 对象中的 cloumns 属性,直接赋值即可。将"s"修改为"s(x)",要将所有列的标题全部写上,否则将报错,关键代码如下:

> df.columns = ['c ','s(x)','y ']

下面再介绍一种方法,使用 DataFrame 对象中的 rename 方法修改列标题。将"c"修改为"c(s)","s"修改为"s(x)","y"修改为"y(s)",关键代码如下:

> df.rename(columns = {'c ':'c(s)','s ':'s(x)','y ':'y(s)'},inplace = True)

其中,参数 inplace 为 True,表示直接修改 df;否则不修改 df,只返回修改后的数据。

(2) 修改行标题。主要使用 DataFrame 对象中的 index 属性,直接赋值即可。将行标题统一修改为数字编号,关键代码如下:

> df.index = list('1234 ')

使用 DataFrame 对象中的 rename 方法也可以修改行标题。例如,将行标题统一修改为数字编号,关键代码如下:

> df.rename({'A 同学':1,'C 同学':2,B 同学':3,'D 同学':4},axis = 0,inplace = True)

（3）修改数据。主要使用 DataFrame 对象中的 loc 属性和 iloc 属性。原始数据见表 4-5。

1）修改整行数据。例如，修改"A 同学"的各科成绩，关键代码如下：

```
df.loc['A 同学']=[120,115,109]
```

如果各科成绩均加 10 分，可以直接在原有值基础上加 10，关键代码如下：

```
df.loc['A 同学']=df.loc['A 同学']+10
```

2）修改整列数据。例如，修改所有同学的"语文"成绩，关键代码如下：

```
df.loc[:,'语文']=[115,108,112,118]
```

3）修改某一处数据。例如，修改"A 同学"的"语文"成绩，关键代码如下：

```
df.loc['A 同学','语文']=115
```

4）使用 iloc 属性修改数据。通过 iloc 属性指定行列位置实现修改数据，关键代码如下：

```
df.iloc[0,0]=115# 修改某一处数据
df.iloc[:,0]=[115,108,112,118]# 修改整列数据
df.iloc[0,:]=[120,115,109]# 修改整行数据
```

#### 4.5.2.2 删除数据

删除数据主要使用 DataFrame 对象中的 drop 方法。语法如下：

```
DataFrame.drop(labels=None,axis=0,index=None,columns=None,level=None,inplace=False,errors='raise')
```

常见的元素参数如下：

labels：表示行标签或列标签。

axis：axis=0，表示按行删除；axis=1，表示按列删除；默认值为 0。

index：删除行，默认值为 None。

columns：删除列，默认值为 None。

level：针对有两级索引的数据。level=0，表示按第 1 级索引删除整行；level=1，表示按第 2 级索引删除整行；默认值为 None。

inplace：可选参数，对原数组作出修改并返回一个新数组。默认值为 False，如果值为 True，那么原数组直接就被替换。

errors：参数值为 ignore 或 raise，默认值为 raise，如果值为 ignore（忽略），则取消错误。

（1）删除行列数据。删除指定的学生成绩数据，关键代码如下：

df.drop（['数学'],axis＝1,inplace＝True）# 删除某列

df.drop（columns＝'数学',inplace＝True）# 删除 columns 为"数学"的列

df.drop（labels＝'数学',axis＝1,inplace＝True）# 删除列标签为"数学"的列

df.drop（['A 同学','D 同学'],inplace＝True）# 删除某一行

df.drop（index＝'A 同学',inplace＝True）# 删除 index 为"A 同学"的行

df.drop（labels＝'A 同学',axis＝0,inplace＝True）# 删除行标签为"A 同学"的行

（2）删除特定条件的行。删除满足特定条件的行，首先找到满足该条件的行索引，然后再使用 drop 方法将其删除。删除"数学"中包含分数 88 的行、"语文"小于分数 110 的行，关键代码如下：

df.drop（index＝df[df['数学'].isin（[88]）].index[0],inplace＝True）

# 删除"数学"包含分数 88 的行

df.drop（index＝df[df['语文']<110].index[0],inplace＝True）

# 删除"语文"小于分数 110 的行

以上代码中的方法都可以实现删除指定的行列数据，读者自行选择一种就可以。

### 4.5.3　缺失值查看与处理

缺失值指的是由某种原因导致数据为空，这种情况一般有四种处理方式：一是不处理；二是删除；三是填充或替换；四是插值（以均值、中位数、众数等填补）。

（1）查看缺失值。需要找到缺失值，主要使用 DataFrame 对象中的 info 方法。

以淘宝销售数据为例，先输出数据，然后使用 info 方法查看数据，代码如下：

```
import pandas as pd
df = pd.read_excel('TB2018.xls')
print(df)
print(df.info())
```

在 Python 中，缺失值一般以 NaN 表示，通过 info() 方法可以看到"买家会员名""买家实际支付金额""宝贝标题""订单付款时间"的非空数量是 10，而"宝贝总数量"和"类别"的非空数量是 8，则说明这两项存在空值。

现在判断数据是否存在缺失值，还可以使用 isnull 方法和 notnull 方法，关键代码如下：

```
print(df.isnull())、print(df.notnull())
```

使用 isnull 方法，缺失值返回 True，非缺失值返回 False。而 notnull 方法与 isnull 方法正好相反，即缺失值返回 False，非缺失值返回 True。

如果使用"df[df.isnull() == False]"语句，则会将所有不是缺失值的数据找出来，但是只针对 Series 对象。

（2）缺失值删除处理。通过前面的判断得知了数据缺失情况，下面将缺失值删除，主要使用 dropna 方法，该方法用于删除含有缺失值的行，关键代码如下：

```
df.dropna()
```

说明：有些时候，数据可能存在整行为空的情况，此时可以在 dropna 方法中指定参数 how = 'all'，删除所有空行。

对于数据中存在的重复数据，包括重复的行或者某几行中某几列的值重复，一般做删除处理，主要使用 DataFrame 对象中的 drop_duplicates 方法。

判断每一行数据是否重复（完全相同）：

```
df1.duplicated()
```

去除全部重复数据：

```
df1.drop_duplicates()
```

去除指定列的重复数据：

```
df1.drop_duplicates(['买家会员名'])
```

保留重复行中的最后一行：

　　df1.drop_duplicates（['买家会员名'], keep = 'last'）

以上代码中参数 keep 的值有三个。当 keep = 'first' 表示保留第一次出现的重复行时，是默认值；当 keep 为另外两个取值即 last 和 False 时，分别表示保留最后一次出现的重复行和去除所有的重复行。

直接删除，保留一个副本：

　　df1.drop_duplicates（['买家会员名','买家支付宝账号'], inplace = Fasle）

### 4.5.4　异常值的检测与处理

首先了解一下什么是异常值。在数据分析中，异常值是指超出或低于正常范围的值，如年龄大于 160 岁、身高大于 4 米、商品总数量为负数等类似的数据。那么这些数据如何检测呢？主要有以下几种方法：

（1）根据给定的数据范围进行判断，将不在范围内的数据视为异常值。

（2）根据均方差进行判断。在统计学中，如果一个数据分布近似正态分布（数据分布的一种形式，呈钟形，两头低、中间高，左右对称，因此其曲线呈钟形），那么大约 68% 的数据值都会在均值的一个标准差范围内，大约 95% 的数据值会在两个标准差范围内，大约 99.7% 的数据值会在三个标准差范围内。

（3）根据箱形图进行判断。箱形图是显示一组数据分散情况资料的统计图。它可以将数据通过四分位数的形式进行图形化描述，箱形图将上限和下限作为数据分布的边界。任何高于上限或低于下限的数据都可以认定为是异常值。具体如图 4-1 所示。

了解异常值的检测后，接下来介绍如何处理异常值，主要包括以下几种处理方式：

（1）最常用的方式是删除。

（2）将异常值当缺失值处理，以某个值填充。

（3）将异常值当特殊情况进行分析，研究异常值出现的原因。

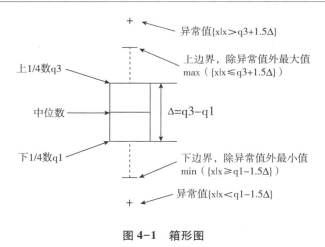

图 4-1　箱形图

资料来源：互联网。

# 4.6　关于索引

## 4.6.1　索引的作用

利用索引能够快速查询数据，本节主要介绍索引的作用以及应用。

索引的作用相当于图书的目录，可以根据目录中的页码快速找到所需的内容。Pandas 索引的作用如下：

（1）更方便地查询数据。

（2）可以提升查询性能。

（3）如果索引是唯一的，Pandas 会使用哈希表优化，查找数据的时间复杂度为 O（1）。如果索引不是唯一的，但是有序，Pandas 会使用二分查找算法，查找数据的时间复杂度为 O（logN）。如果索引是完全随机的，那么每次查询都要扫描数据表，查找数据的时间复杂度为 O（N）。

（4）强大的数据结构。基于分类数的索引，提升性能；多维索引，用于对多维聚合结果等进行分组；时间类型索引，提供强大的日期和时间的方法支持。

利用索引实现自动的数据对齐功能，代码如下：

```
import pandas as pd
s1 = pd.Series([10,20,30],index=list("abc"))
s2 = pd.Series([2,3,4],index=list("bcd"))
print(s1+s2)
```

### 4.6.2  重新设置索引

Pandas 有一个很重要的方法是 reindex，它的作用是创建一个适应新索引的新对象。语法如下：

DataFrame.reindex(labels=None,index=None,column=None,axis=None,method=None,copy=True,level=None,fill_value=nan,limit=None,tolerance=None)

在前面小节已经建立了一组学生的物理成绩，下面重新设置索引，代码示例如下：

```
import pandas as pd
s1 = pd.Series([88,60,75],index=[1,2,3])
print(s1)
print(s1.reindex([1,2,3,4,5]))
```

从运行结果得知，reindex 方法根据新索引进行了重新排序，并且对缺失值自动填充 NaN。如果不想用 NaN 填充，可以为 fill_ value 参数指定值，如 0，关键代码如下：

```
s1.reindex([1,2,3,4,5],fill_value=0)
```

而对于有一定顺序的数据，则可能需要插值来填充缺失的数据，这时可以使用 method 参数。实现向前填充（和前面数据一样）、向后填充（和后面数据一样），关键代码如下：

```
print(s1.reindex([1,2,3,4,5],method='ffill'))# 向前填充
print(s1.reindex([1,2,3,4,5],method='bfill'))# 向后填充
```

对于 DataFrame 对象，reindex 方法用于修改行索引和列索引。

通过二维数组创建成绩表并设置索引，代码如下：

```
import pandas as pd
# 解决数据输出时列名不对齐的问题
pd.set_option('display.unicode.east_asian_width',True)
data=[[110,105,99],[105,88,115],[109,120,130]]
index=['mr001','mr003','mr005']
columns=['语文','数学','英语']
df=pd.DataFrame(data=data,index=index,columns=columns)
print(df)
```

通过 reindex 方法重新设置行索引，关键代码如下：

```
df.reindex(['mr001','mr002','mr003','mr004','mr005'])
```

通过 reindex 方法重新设置列索引，关键代码如下：

```
df.reindex(columns=['语文','物理','数学','英语'])
```

通过 reindex 方法重新设置行索引和列索引，关键代码如下：

```
df.reindex(index=['mr001','mr002','mr003','mr004','mr005'],columns=['语文','物理','数学','英语'])
```

常用常见的元素参数如下：

labels：标签，可以是数组，默认值为 None。

index：行索引，默认值为 None。

columns：列索引，默认值为 None。

axis：轴，0 表示行，1 表示列，默认值为 None。

method：默认值为 None，重新设置索引时，选择插值（用来填充缺失数据）方法，其值可以是 None、bfill/backfill（向后填充）、ffill/pad（向前填充）等。

fill_value：缺失值要填充的数据。如果缺失值不用 NaN 填充，用 0 填充，则设置"fill_value=0"即可。

若想设置某列为行索引，主要使用 set_index 方法。导入"1 月 . xlsx"的 Excel 文件，代码如下：

```
import pandas as pd
# 解决数据输出时列名不对齐的问题
pd.set_option('display.unicode.east_asian_width',True)
df=pd.read_excel('1 月.xlsx')
print(df.head())
```

此时默认行索引为 0、1、2、3、4，下面将"买家会员名"作为行索引，关键代码如下：

```
df=df.set_index(['买家会员名'])
```

如果在 set_index 方法中传入参数"drop=True"，则会删除"买家会员名"；如果传入"drop=False"，则会保留"买家会员名"；默认为 False。

当我们对 DataFrame 对象进行数据清洗，例如，去掉含 NaN 的行之后，发现行索引没有变化。如果要重新设置索引则可以使用 reset_index 方法，在删除缺失数据后重新设置索引，关键代码如下：

```
df=df.dropna().reset_index(drop=True)
```

另外，对于分组统计后的数据，有时也需要重新设置连续的行索引，方法同上。

# 4.7　数据排序与排名

## 4.7.1　数据排序

DataFrame 数据排序时主要使用 sort_values 方法，该方法类似于 SQL 中的 order by 方法。sort_values 方法可以根据指定行/列进行排序，语法如下：

```
DataFrame.sort_values(by,axis=0,ascending=True,inplace=False,kind='quicksort',
na_position='last',ignore_index=False)
```

常见的元素参数如下：

by：要排序的名称列表。

axis：轴，0 表示行，1 表示列，默认按行排序。

ascending：升序或降序排序，布尔值，指定多个排序可以使用布尔值列表。

inplace：布尔值，默认值为 False，如果值为 True，则就地排序。

kind：指定排序算法，值为"quicksort"（快速排序）、"mergesort"（混合排序）或"heapsort"（堆排），默认值为"quicksort"。

na_position：空值（NaN）的位置，值为"first"空值在数据开头，值为"last"空值在数据最后，默认值为"last"。

ignore_index：布尔值，是否忽略索引，值为 True 标记索引（从 0 开始按顺序的整数值），值为 False 则忽略索引。

（1）按一列数据排序。代码如下：

```python
import pandas as pd
excelFile = 'mrbook.xlsx '
df = pd.DataFrame( pd.read_excel( excelFile ) )
# 设置数据显示的列数和宽度
pd.set_option( 'display.max_columns ',500 )
pd.set_option( 'display.width ',1000 )
# 解决数据输出时列名不对齐的问题
pd.set_option( 'display.unicode.ambiguous_as_wide ',True )
pd.set_option( 'display.unicode.east_asian_width ',True )
# 按"销量"列升序排序
df = df.sort_values( by = '销量',ascending = False )
print( df )
```

（2）按多列数据排序。多列排序是按照给定列的先后顺序进行排序。

按照"图书名称"和"销量"进行降序排序，首先按"图书名称"降序排序，然后按"销量"降序排序，关键代码如下：

```python
df.sort_values( by = [ '图书名称','销量' ] )
```

（3）对统计结果排序。按"类别"分组统计销量并进行降序排序，关键代码如下：

```
df1 = df.groupby(["类别"])["销量"].sum().reset_index()
df2 = df1.sort_values(by = '销量', ascending = False)
```

（4）按行数据排序。按行排序，关键代码如下：

```
dfrow.sort_values(by = 0, ascending = True, axis = 1)
```

按行排序的数据类型要一致，否则会出现错误提示。

### 4.7.2　数据排名

排名是根据 Series 或 DataFrame 对象的某几列的值进行排名，主要使用 rank 方法，语法如下：

```
DataFrame.rank(axis = 0, method = 'average', numeric_only = None, na_option = 'keep', ascending = True, pct = False)
```

常见的元素参数如下：

axis：轴，0 表示行，1 表示列，默认按行排序。

method：表示在具有相同值的情况下所使用的排序方法。

average：默认值，平均排名。

min：最小值排名。

max：最大值排名。

first：按值在原始数据中出现的顺序分配排名。

dense：密集排名，类似于最小值排名，但是排名每次只增加 1，即排名相同的数据只占一个名次。

numeric_only：对于 DataFrame 对象，如果设置值为 True，则只对数字列进行排序。

na_option：空值的排序方式。

keep：保留，将空值等级赋值给 NaN 值。

top：如果按升序排序，则将最小排名赋值给 NaN 值。

bottom：如果按升序排序，则将最大排名赋值给 NaN 值。

ascending：升序或降序排序，布尔值，指定多个排序可以使用布尔值列表，默认值为 True。

pct：布尔值，是否以百分比形式返回排名，默认值为 False。

（1）顺序排名。下面对销量相同的书籍，按照出现的先后顺序进行排名，代码如下：

```
import pandas as pd
excelFile = 'mrbook.xlsx '
df = pd.DataFrame( pd.read_excel( excelFile) )
# 设置数据显示的列数和宽度
pd.set_option( 'display.max_columns ',500)
pd.set_option( 'display.width ',1000)
# 解决数据输出时列名不对齐的问题
pd.set_option( 'display.unicode.ambiguous_as_wide ',True)
pd.set_option( 'display.unicode.east_asian_width ',True)
# 按"销量"列降序排序
df = df.sort_values( by = '销量',ascending = False)
# 顺序排名
df['顺序排名'] = df['销量'].rank( method = "first ",ascending = False)
print( df[['图书名称','销量','顺序排名']])
```

（2）平均排名。现在将销量相同的书籍按照顺序排名的平均值进行排名，关键代码如下：

```
df['平均排名'] = df['销量'].rank( ascending = False)
```

（3）最小值排名。销量相同的书籍，按顺序排名并取最小值作为排名，关键代码如下：

```
df['销量'].rank( method = "min ",ascending = False)
```

（4）最大值排名。销量相同的书籍，按顺序排名并取最大值作为排名，关键代码如下：

```
df['销量'].rank( method = "max ",ascending = False)
```

# 4.8　本章小结

在本章我们学习了 Pandas 简介、关于 Series 对象的一些操作、DataFrame 常用操作、数据抽取操作、数据的增删改查、数据清洗等、索引的操作、数据排序与排名等内容，由浅入深我们举实例做了一些代码演示，希望同学们多多上手实操，代码的编写都是熟能生巧，希望通过这一章的介绍能加深同学们对 Pandas 的了解。

Pandas 的优势是：处理浮点与非浮点数据里的缺失数据，表示为 NaN；大小可变，如插入或删除 DataFrame 等多维对象的列；自动、显式数据对齐，显式地将对象与一组标签对齐，也可以忽略标签，在 Series、DataFrame 计算时自动与数据对齐；强大、灵活的分组统计（group by）功能，即数据聚合、数据转换；可以把 Python 和 NumPy 数据结构里不规则、不同索引的数据轻松地转换为 DataFrame 对象；智能标签，对大型数据集进行切片、花式索引、子集分解等操作；直观地合并（merge）、连接（join）数据集；灵活地重塑（reshape）、透视（pivot）数据集；成熟的导入导出工具，导入文本文件（.csv 等支持分隔符的文件）、Excel 文件、数据库等来源的数据；导出 Excel 文件、文本文件等，利用超快的 HDF5 格式保存或加载数据；支持日期范围生成、频率转换、移动窗口统计、移动窗口线性回归、日期位移等时间序列功能。综上所述，Pandas 是处理数据最理想的工具。

**思考题**

1. 箱形图是用来解决什么问题的？

2. 对于数据排名，请你以班级 A 课为例，对成绩相同的同学，按照出现的先后顺序进行排名。

3. 创建一个一维数组，如何通过 reshape 方法编写代码将其改为 3 行 4 列的二维数组？

4. 为什么要进行数据清洗？

**练习题**

1. 使用 rolling( ) 函数计算某股票 30 天、60 天和 180 天的收盘价均值生成走势图。

2. 使用 read_html 方法导入某公司人员薪资数据。

3. 以自己的论文数据为例，编写代码实践增、删、改、查四个功能。

# 第 5 章　Matplotlib 可视化数据分析图表

## 5.1　数据分析图表简介

### 5.1.1　数据分析图表的作用

数据分析图表更加直观、生动和具体，它将复杂的统计数字变得简单化、通俗化、形象化，使人一目了然，便于理解和比较。数据分析图表可以直观地展示统计信息，使我们能够快速了解数据变化的趋势、数据比较结果以及所占比例等，它对数据分析、数据挖掘等都起到了关键性的作用。

### 5.1.2　图表的基本组成

数据分析图表有很多种，但每一种图表的绝大组成部分是基本相同的，一张完整的图表一般包括画布、图表标题、绘图区、数据系列、坐标轴标题、图例、文本标签、网格线等，具体如图 5-1 所示。

各个组成部分的功能如表 5-1 所示。

### 5.1.3　Matplotlib 简介与安装

Matplotlib 是一个 Python2D 绘图库，常用于数据可视化。它能够以多种硬拷贝格式和跨平台的交互式环境生成出版物质量的图形。

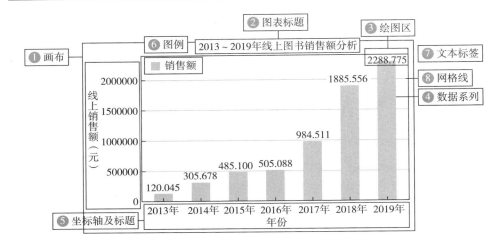

图 5-1　图表的基本组成部分

表 5-1　图表的基本组成

| 组成部分 | 功能 |
| --- | --- |
| 画布 | 图中最大的白色区域，作为其他图表元素的容器 |
| 图表标题 | 用来概括图表内容的文字，常用的功能有设置字体、字号及字体颜色等 |
| 绘图区 | 画布中的一部分，即显示图形的矩形区域，可改变填充颜色、位置，以便为图表展示更好的图形效果 |
| 数据系列 | 在数据区域中，同一列（或同一行）数值数据的集合构成一组数据系列，也就是图表中相关数据点的集合。图表中可以有一组到多组的数据系列，多组数据系列之间通常采用不同的图案、颜色或符号来区分 |
| 坐标轴及坐标轴标题 | 坐标轴是标识数值大小及分类的垂直组和水平线，上面有标定数据值的标志（刻度）。一般情况下，水平轴（x 轴）表示数据的分类；坐标轴标题用来说明坐标轴的分类及内容，分为水平坐标轴和垂直坐标轴 |
| 图例 | 是指图表中系列区域的符号、颜色或形状定义数据系列所代表的内容。图例由两部分构成：图例标识——代表数据系列的图案，即不同颜色的小方块；图例项——与图例标识对应的数据系列名称，一种图例标识只能对应一种图例项 |
| 文本标签 | 用于为数据系列添加说明文字 |
| 网格线 | 贯穿绘图区的线条，类似于标尺，可以衡量数据系列数值的标准。常用的功能有设置网格线宽度、样式、颜色、坐标轴等 |

安装 Matplotlib 的方法有两种：一是可以利用 pip 工具进行安装，安装命令为

pipinstallmatplotlib；二是在 PyCharm 开发环境中安装，运行 PyCharm，选择
"File→Settings" 菜单项，打开 "Settings" 窗口，选择 "ProjectInterpreter" 选项，
然后单击添加（＋）按钮，打开 "AvailablePackages" 窗口，在搜索文本框中输
入需要添加的模块名称，如 Matplotlib，然后在列表中选择需要安装的模块，单
击 "InstallPackage" 按钮，即可实现 Matplotlib 模块的安装。

# 5.2　Matplotlib 绘图基础

创建 Matplotlib 图表首先需要引入 pyplot 模块，其次使用 Matplotlib 模块的
plot 方法绘制图表，最后运行程序就可以得到对应的图像。

## 5.2.1　基本设置

本节主要介绍图表的基本绘图。Matplotlib 基本绘图主要使用 plot( )函数，语
法如下：

matplotlib.pyplot.plot( x , y , format_string , \ * \ * kwargs )

其中，format_string 是控制曲线格式的字符串，包括颜色、线条样式和标记
样式；\ * \ * kwargs 是键值参数，相当于一个字典。

## 5.2.2　图形的常用设置

（1）颜色设置。color 参数可以设置线条颜色，通用的颜色值如表 5-2 所示。

表 5-2　通用颜色值及说明

| 设置值 | 说明 | 设置值 | 说明 |
| --- | --- | --- | --- |
| b | 蓝色 | m | 洋红色 |
| g | 绿色 | y | 黄色 |
| r | 红色 | k | 黑色 |
| c | 蓝绿色 | w | 白色 |
| # FFFF00 | 黄色，十六制颜色值 | 0.5 | 灰度值字符串 |

（2）线条样式。Linestyle 可选参数，可以设置线条的样式，设置值如下：

"_"：实线，默认值。

"_ _"：双画线。

"_."：点画线。

":"：虚线。

（3）标记样式。Markerwei 可选参数，可以设置标记样式，设置值如表 5-3 所示。

表 5-3　标记设置及说明

| 设置值 | 说明 | 设置值 | 说明 | 设置值 | 说明 |
| --- | --- | --- | --- | --- | --- |
| . | 点标记 | 1 | 下花三角标记 | h | 竖六边形标记 |
| , | 像素标记 | 2 | 上花三角标记 | H | 横六边形标记 |
| o | 实心圆标记 | 3 | 左花三角标记 | + | 加号标记 |
| v | 倒三角标记 | 4 | 右花三角标记 | × | 叉号标记 |
| \ ^ | 上三角标记 | s | 实心正方形标记 | D | 大菱形标记 |
| > | 右三角标记 | p | 实心五角星标记 | d | 小菱形标记 |
| < | 左三角标记 | * | 星形标记 | \| | 垂直线标记 |

### 5.2.3　设置画布与子图

（1）设置画布。画布就像我们画画的画板一样，在 Matplotlib 中可以使用 figure 方法设置画布大小、分辨率、颜色和边框等，语法如下：

> matpoltlib.pyplot.figure ( num = None, figsize = None, dpi = None, facecolor = None, edgecolor = None, frameon = True )

其中，num 是图像编号或名称，数字为编号，字符串为名称；figsize 指定画布的宽和高；dpi 指定绘图对象的分辨率，即每英寸包含多少个像素，默认值为 80；facecolor 和 edgecolor 分别表示背景颜色和边框颜色；frameon 表示是否显示边框，默认值为 True，绘制边框。

（2）设置坐标轴。具体如下：

1）x 轴、y 轴标题。设置 x 轴和 y 轴标题主要使用 xlabel() 函数和 vlabel() 函数。

2）坐标轴刻度。用 Matplotlib 画二维图像时，默认情况下的横坐标（x 轴）和纵坐标（y 轴）显示的值有时可能达不到我们的需求，需要借助 xticks( ) 函数和 ticks( ) 函数分别对 x 轴和 y 轴的值进行设置。xticks( ) 函数的语法如下：

xticks( locs, [ labels ] , \ * \ * kwargs )

其中，locs 表示 x 轴上的刻度，labels 的默认值和 locs 相同。locs 表示位置，而 labels 则决定该位置上的标签，如果赋予了 labels 空值，则 x 轴将只有刻度而不会显示任何值。

（3）设置坐标轴范围。坐标轴范围是指 x 轴和 y 轴的取值范围。设置轴范围要使用 xlim( ) 函数和 ylim( ) 函数。

（4）设置网格线。图表的网格线细节主要使用 grid( ) 函数，生成网格线的代码为 plt. grid( )。grid( ) 函数也有很多参数，如颜色、网格线的方向（参数 axis = 'x '表示隐藏 x 轴网格线，axis = 'y '表示隐藏 y 轴网格线）、网格线样式和网格线宽度等。当直接使用饼形图时，网格线并不会显示，需要与饼形图的 frame 参数配合使用，设置该参数值为 True。

（5）添加文本标签。绘图过程中，为了能够更清晰、直观地看到数据，需要给图表中指定的数据点添加文本标签。主要使用 text( ) 函数，语法如下：

matplotlib.pyplot.text( x, y, s, fontdict = None, withdash = False, \ * \ * kwargs )

（6）设置标题和图例。具体如下：

1）图表标题。为图表设置标题主要使用 title( ) 函数，语法如下：

matplotlib, pyplot.title( label, fontdict = None, loc = 'center ', pad = None, \ * \ * kwargs )

2）图表图例。为图表设置图例主要使用 legend( ) 函数，语法如下：

plt. legend( )

当手动添加图例时，有时会出现文本显示不全的问题，解决方法是在文本后面加一个逗号 " , "。

3）图例显示位置。通过 loc 参数可以设置图例的显示位置，主要代码如下：

plt.legend( ( '图例名称', ), loc = 'upperright ', fontsize = 10)

具体图例显示位置的设置及描述如表5-4所示。

**表5-4　图例位置参数设置值及描述**

| 位置（字符串） | 位置索引 | 描述 |
|:---:|:---:|:---:|
| best | 0 | 自适应 |
| upperright | 1 | 右上方 |
| upperleft | 2 | 左上方 |
| lowerleft | 3 | 左下方 |
| lowerright | 4 | 右下方 |
| right | 5 | 右侧 |
| centerleft | 6 | 左侧中间位置 |
| centerright | 7 | 右侧中间位置 |
| uppercenter | 8 | 上方中间位置 |
| lowercenter | 9 | 下方中间位置 |
| center | 10 | 正中央 |

（7）添加注释。annotate（）函数用于在图表上给数据添加文本注释，而且支持带箭头的画线工具，方便我们在合适的位置添加描述信息。

（8）调整图表与画布边缘的间距。很多时候会发现绘制出的图表，由于x轴、y轴标题与画布边缘距离太近，而出现显示不全的情况。这种情况可以使用subplots_adjust（）函数来调整，该函数主要用于调整图表与画布的间距，也可以调整子图表的间距。语法如下：

subplots_adjust（left = None, bottom = None, right = None, top = None, wspace = None, hspace = None）

其中，left、bottom、right和top四个参数用来调整上、下、左、右的空白，left和bottom值越小，空白越少；right和top值越大，空白越少。wspace和hspace分别用于调整列间距和行间距。

（9）其他设置。具体如下：

1）坐标轴的刻度线，语法如下：

plt.tick_params（bottom = False, left = True, right = True, top = True）

2）坐标轴相关属性设置：

axis( )：返回当前坐标轴范围。

axis(v)：通过输入 v = [xmin, xmax, ymin, ymax]，设置 x 轴、y 轴的取值范围。

axis('off')：关闭坐标轴的轴线及坐标轴标签。

axis('equal')：使 x 轴、y 轴长度一致。

axis('scaled')：调整图框的尺寸（而不是改变坐标轴的取值范围），使 x 轴、y 轴长度一致。

axis('tight')：改变 x 轴和 y 轴的限制，使所有数据被展示。如果所有的数据已经显示，它将移动到图形的中心而不修改 xmax-xmin 或 ymax-ymin 值。

axis('image')：缩放坐标轴范围（limits），等同于对数据缩放范围。

axis('auto')：自动缩放。

axis('normal')：不推荐使用。恢复默认状态，轴限的自动缩放使数据显示在图表中。

# 5.3　常用图表的绘制：基础部分

本节将介绍常用图表的绘制，主要包括绘制折线图、绘制柱形图、绘制直方图、绘制饼形图、绘制散点图、绘制面积图、绘制热力图、绘制箱形图、绘制 3D 图表、绘制多个子图表以及图表的保存。对于常用的图表类型，本节将以举例的方式进行说明，以适应不同应用场景的需求。

## 5.3.1　绘制折线图

折线图可以显示随时间而变化的连续数据，利用 Matplotlib 绘制折线图主要使用 plot( )函数，下面尝试绘制多折线图。

示例 1：绘制学生的语、数、英的各科成绩分析图。

使用 plot( )函数绘制多折线图。例如，绘制学生的语、数、英的各科成绩分析图，代码如下：

```
import pandas as pd
import matplotlib.pyplot as plt
df1 = pd.read_excel('data.xls')# 导入 Excel 文件
# 多折线图
x1 = df1['姓名']
y1 = df1['语文']
y2 = df1['数学']
y3 = df1['英语']
plt.rcParams['font.sans-serif'] = ['SimHei']# 解决中文乱码
plt.rcParams['xtick.direction'] = 'out'# x 轴的刻度线向外显示
plt.rcParams['ytick.direction'] = 'in'# y 轴的刻度线向内显示
plt.title('语数外成绩大比拼',fontsize = '18')# 图表标题
plt.plot(x1,y1,label='语文',color='r',marker='p')
plt.plot(x1,y2,label='数学',color='g',marker='.',mfc='r',ms=8,alpha=0.7)
plt.plot(x1,y3,label='英语',color='b',linestyle='-.',marker='*')
plt.grid(axis='y')# 显示网格关闭 y 轴
plt.ylabel('分数')
plt.yticks(range(50,150,10))
plt.legend(['语文','数学','英语'])# 图例
plt.show()
```

### 5.3.2 绘制柱形图

柱形图，又称长条图、柱状图、条状图等，是一种以长方形的长度为变量的统计图表。柱形图用来比较两个或两个以上的数据（不同时间或者不同条件），只有一个变量，通常用于较小的数据集分析。利用 Matplotlib 绘制柱形图时主要使用 bar() 函数，语法如下：

```
matplotlib.pyplot.bar(x,height,width,bottom = None,*,align = 'center',data = None,**kwargs)
```

示例 2：使用 5 行代码绘制简单的柱形图。

使用 5 行代码绘制简单的柱形图，代码如下：

```
import matplotlib.pyplot as plt
x=[1,2,3,4,5,6]
height=[11,21,32,44,55,67]
plt.bar(x,height)
plt.show()
```

结果如图 5-2 所示。

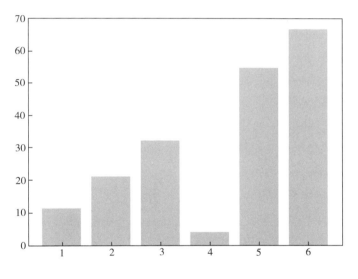

**图 5-2　简单的柱形图**

bar( ) 函数可以绘制出各种类型的柱形图，如基本柱形图、多柱形图、堆叠柱形图等，只要将 bar( ) 函数的主要参数理解透彻，就会达到意想不到的效果，下面介绍几种常见的柱形图：

（1）基本柱形图。

示例 3：绘制 2014~2020 年线上图书销售额分析图。

使用 bar( ) 函数绘制"2014~2020 年线上图书销售额分析图"，代码如下：

```
import pandas as pd
import matplotlib.pyplot as plt
```

```
df = pd.read_excel( 'books_sales.xlsx ')
plt.rcParams[ 'font.sans-serif ' ] = [ 'SimHei ' ]# 解决中文乱码
x = df[ '年份' ]
height = df[ '销售额' ]
plt.grid( axis = "y ", which = "major ")# 生成虚线网格
# x、y 轴标签
plt.xlabel( '年份' )
plt.ylabel( '销售额( 元)' )
plt.title( '2014-2020 年线上图书销售额分析图' )
plt.bar( x, height, width = 0.5, align = 'center ', color = 'b ', alpha = 0.5, bottom = 0.8)
for a, b in zip( x, height) :
plt.text( a, b, format( b, ', ') , ha = 'center ', va = 'bottom ', fontsize = 9, \
color = 'b ', alpha = 0.9)
plt.legend( [ '销售额' ] )
plt.show( )
```

（2）多柱形图。

示例 4：绘制各平台的图书销售额分析图。

对于线上图书销售额的统计，如果要统计各个平台的销售额，可以使用多柱形图，不同颜色的柱子代表不同的平台，如京东、天猫等，代码如下：

```
import pandas as pd
import matplotlib.pyplot as plt
df = pd.read_excel( 'books. xlsx ', sheet_name = 'Sheet2 ')
plt.rcParams[ 'font.sans-serif ' ] = [ 'SimHei ' ]
x = df[ '年份' ]
y1 = df[ '京东' ]
y2 = df[ '天猫' ]
width = 0.25
plt.ylabel( '销售额( 元)' )# 图表标题
plt.title( '2014-2020 年线上图书销售额分析图' )
plt. bar( x, y1, width = width, color = 'darkorange ')
```

```
plt.bar(x+width,y2,width=width,color='deepskyblue')
fora,binzip(x,y1):
plt.text(a,b,format(b,','),ha='center',va='bottom',fontsize=8)
fora,binzip(x,y2):
plt.text(a+2*width,b,format(b,','),ha='center',va='bottom',fontsize=8)
plt.legend(['京东','天猫'])# 图例
plt.show()
```

### 5.3.3　绘制直方图

直方图，又称质量分布图，由一系列高度不等的纵向条纹或线段表示数据分布的情况。一般用横轴表示数据类型，纵轴表示分布情况。直方图是数值数据分布的精确图形表示，是一个连续变量（定量变量）的概率分布的估计。绘制直方图主要使用 hist( ) 函数，语法如下：

matplotlib.pyplot.hist(x,bins=None,range=None,density=None,bottom=None,
histtype='bar',align='mid',log=False,color=None,label=None,stacked=False,
normed=None)

参数说明如下：

x：数据集，最终的直方图将对数据集进行统计。

bins：统计数据的区间分布。

range：元组类型，显示的区间。

density：布尔型，显示频数统计结果，默认值为 None。设置值为 False，不显示频率统计结果；设置值为 True，则显示频率统计结果。频率统计结果 = 区间数目/（总数 X 区间宽度）。

histtype：可选参数，设置值为 bar、barstacked、step 或 stepfilled，默认值为 bar，推荐使用默认配置，step 使用的是梯状，stepfilled 则会对梯状内部进行填充，效果与 bar 参数类似。

align：可选参数，值为 left、mid 或 right，默认值为 mid，控制柱状图的水平分布；值为 left 或者 right，会有部分空白区域；推荐使用默认值。

log：布尔型，默认值为 False，即 y 坐标轴是否选择指数刻度。

stacked：布尔型，默认值为 False，是否为堆积状图。

示例 5：绘制简单的直方图。

绘制简单的直方图，代码如下：

```
import matplotlib.pyplot asplt
x=[24,88,3,4,56,63,45,54,10,20,50,5,69,21,27]
plt.hist(x,bins=[0,25,50,75,100])
plt.show()
```

### 5.3.4　绘制饼形图

饼形图常用来显示各个部分在整体所占的比例。例如，在工作中如果遇到需要计算总费用的各个构成部分比例的情况，一般通过各个部分与总费用相除来计算，但是这种比例表示方法很抽象，而通过饼形图将直接显示各个组成部分所占比例，一目了然。利用 Matplotlib 绘制饼形图主要使用 pie() 函数，语法如下：

```
matplotlib.pyplot.pie(x,explode=None,labels=None,colors=None,autopct=
None,pctdistance=0.6,shadow=False,labeldistance=1.1,startangle=None,radius=
None,counterclock=True,wedgeprops=None,textprops=None,center=(0,0),
frame=False,rotatelabels=False,hold=None,data=None)
```

参数说明如下：

x：每一块饼形图的比例，如果 sum(x)>1，会使用 sum(x)进行归一化。

labels：每一块饼形图外侧显示的说明文字。

explode：每一块饼形图与中心的距离。

startangle：起始绘制角度，默认是从 x 轴正方向逆时针画起，若设置值为 90，则从 y 轴正方向画起。

shadow：在饼形图下面画一个阴影，默认值为 False，即不画阴影。

labeldistance：标记的绘制位置，相对于半径的比例，默认值为 1.1，若小于 1，则绘制在饼形图内侧。

autopct：设置饼形图百分比，可以使用格式化字符串或 format() 函数。例如，'%1.1f' 表示保留小数点的后 1 位。

pctdistance：类似于 labeldistance 参数，指定百分比的位置刻度，默认值为 0.6。

radius：饼形图半径，默认值为 1。

counterclock：指定指针方向，布尔型，可选参数，默认值为 True，表示逆时针；如果值为 False，则表示顺时针。

wedgeprops：字典类型，可选参数，默认值为 None。字典传递给 wedge 对象用来画一个饼形图。例如，wedgeprops = {'linewidth'：2} 表示设置 wedge 线宽为 2。

textprops：设置标签和比例文字的格式，字典类型，可选参数，默认值为 None。传递给 text 对象的字典参数。

center：浮点类型的列表，可选参数，默认值为（0，0），表示图表中心位置。

frame：布尔型，可选参数，默认值为 False，不显示轴框架（也就是网格）；如果值为 True，则显示轴框架，与 grid（）函数配合使用。在实际应用中建议使用默认设置，因为显示轴框架会干扰饼形图效果。

rotatelabels：布尔型，可选参数，默认值为 False；如果值为 True，则旋转每个标签到指定的角度。

示例 6：绘制简单的饼形图。

绘制简单的饼形图，程序代码如下：

```
import matplotlib.pyplot asplt
x=[7,10,17,65,7,14]
plt.pie(x,autopct='%1.1f%%')
plt.show()
```

结果如图 5-3 所示。

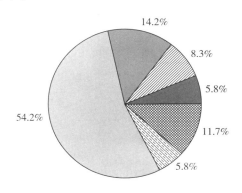

图 5-3　简单的饼形图

饼形图也存在各种类型，主要包括基础饼形图、分裂饼形图、立体感带阴影的饼形图、环形图等，下面分别进行介绍。

（1）基础饼形图。

示例 7：绘制饼形图分析各省销量的占比情况。

下面通过饼形图分析某年 1 月各省销量的占比情况，程序代码如下：

```
import pandas as pd
from matplotlib import pyplotasplt
df1 = pd.read_excel('data2.xls')
plt.rcParams['font.sans-serif'] = ['SimHei']# 解决中文乱码
plt.figure(figsize=(5,3))# 设置画布大小
labels = df1['省']
sizes = df1['销量']
colors = ['red','yellow','slateblue','green','magenta','cyan','darkorange',
'lawngreen','pink']
plt.pie(sizes,# 绘图数据
labels = labels,# 添加区域水平标签
colors = colors,# 设置饼形图的自定义填充色
labeldistance = 1.02,# 设置各扇形标签（图例）与圆心的距离
autopct = '%.1f%%',# 设置百分比的格式,这里保留一位小数
startangle = 90,# 设置饼形图的初始角度
radius = 0.5,# 设置饼形图的半径
center = (0.2,0.2),# 设置饼形图的原点
textprops = {'fontsize':9,'color':'k'},# 设置文本标签的属性值
pctdistance = 0.6)# 设置百分比标签与圆心的距离
# 设置 x,y 轴刻度一致,保证饼形图为圆形
plt.axis('equal')
plt.title('2020 年 1 月各省销量占比情况分析')
plt.show()
```

（2）分裂饼形图。分裂饼形图是将认为主要的饼形图部分分裂出来，以达到突出显示的目的。

分裂饼形图主要通过设置 explde 参数实现，该参数用于设置饼形图与中心的距离，我们需要将哪块饼形图分裂出来，就设置它与中心的距离即可。

（3）立体感带阴影的饼形图。立体感带阴影的饼形图看起来更美观，其主要通过 shadow 参数实现。

（4）环形图。环形图是由两个及两个以上大小不一的饼形图叠在一起，去除中间的部分所构成的图形，通过 pie( ) 函数实现，一个关键参数 wedgeprops，字典类型，用于设置饼形图内外边界的属性，如环的宽度、环边界颜色和宽度，关键代码如下：

```
wedgeprops = {'width':0.2,'edgecolor':'k'}
```

（5）内嵌环形图。绘制内嵌环形图需要注意以下三点：

1）连续使用两次 pie( ) 函数。

2）通过 wedgeprops 参数设置环形边界。

3）通过 radius 参数设置不同的半径。

另外，为了使图例能够正常显示，图例代码中引入了两个主要参数：frameon 参数设置图例有无边框，bbox_to_anchor 参数设置图例位置。关键代码如下：

```
plt.pie(x1,autopct = '%.1f%%',radius = 1,pctdistance = 0.85,colors = colors,
wedgeprops = dict(linewidth = 2,width = 0.3,edgecolor = 'w'))
plt.pie(x2,autopct = '%.1f%%',radius = 0.7,pctdistance = 0.7,colors = colors,
wedgeprops = dict(linewidth = 2,width = 0.4,edgecolor = 'w'))
legend_text = df1['省']
plt.legend(legend_text,title = '地区',frameon = False,bbox_to_anchor = (0.2,
0.5))
```

### 5.3.5　绘制散点图

散点图主要是用来查看数据的分布情况或相关性，一般用在线性回归分析中，查看数据点在坐标系平面上的分布情况。散点图表示因变量而变化的大致趋势，因此可以选择合适的函数对数据点进行拟合。散点图与折线图类似，也是由一个个点构成的。但不同之处在于，散点图的各点之间不会按照前后关系以线条连接起来。

利用 Matplotlib 绘制散点图使用 plot( ) 函数和 scatter( ) 函数都可以实现，本节使用 scatter( )函数绘制散点图。scatter( )函数专门用于绘制散点图,使用方式和 plot( )函数类似,区别在于前者具有更高的灵活性,可以单独控制使每个散点与数据匹配,并让每个散点都具有不同的属性。scatter( )函数的语法如下:

matplotlib.pyplot.scatter( x, y, s = None, c = None, marker = None, cmap = None, norm = None, vmin = None, vmax = None, alpha = None, linewidths = None, verts = None, edgecolors = None, data = None, \ * \ * kwargs )

参数说明如下:

x、y:数据。

s:标记大小,以磅/平方英尺为单位的标记面积,设置值如下:

(1)数值标量:以相同的大小绘制所有标记。

(2)行或列向量:使每个标记具有不同的大小。x、y 和 sz 中的相应元素确定每个标记的位置和面积。sz 的长度必须等于 x 和 y 的长度。

(3)[ ]:使用 36 磅/平方英尺的默认面积。

c:标记颜色,可选参数,默认值为 'b',表示蓝色。

marker:标记样式,可选参数,默认值为 'o'。

cmap:设置颜色地图,可选参数,默认值为 None。

norm:可选参数,默认值为 None。

vmin、vmax:标量,可选,默认值为 None。

alpha:透明度,可选参数,0~1 的数,表示透明度,默认值为 None。

linewidths:线宽,标记边缘的宽度,可选参数,默认值为 None。

verts:(x,y)的序列,可选参数,如果参数 marker 为 None,这些顶点将用于构建标记。标记的中心在(0,0)为标准化单位。整体标记重新调整由参数 s 完成。

edgecolors:轮廓颜色,和参数 c 类似,可选参数,默认值为 None。

data:data 关键字参数。如果给定一个数据参数,所有的位置和关键字参数将被替换。

* * kwargs:关键字参数,其他可选参数。

### 5.3.6　绘制面积图

面积图用于体现数量随时间而变化的程度,也可用于引起人们对总值趋势的注意。Matplotlib 绘制面积图主要使用 area( ) 函数，代码如下：

$$matplotlib.pyplot.stackplot(x, \backslash * args, data = None, \backslash * \backslash * kwargs)$$

参数说明如下：

x：x 轴数据。

* args：当传入的参数个数未知时，使用 * args。这里指 y 轴数据中可以传入多个 y 轴。

data：data 关键字参数。如果给定一个数据参数，所有位置和关键字参数将被替换。

** kwargs：关键字参数，其他可选参数，如 color（颜色）、alpha（透明度）等。

面积图也有很多种，如标准面积图、堆叠面积图和百分比堆叠面积图等。下面主要介绍标准面积图和堆叠面积图。

（1）标准面积图。

示例 9：绘制标准面积图分析线上图书的销售情况。

通过标准面积图分析 2013～2019 年线上图书的销售情况，代码如下：

```
import pandas as pd
import matplotlib.pyplot as plt
df = pd.read_excel( 'books.xlsx ' )
plt.rcParams[ 'font.sans-serif ' ] = [ 'SimHei ' ]# 解决中文乱码
x = df[ '年份' ]
y = df[ '销售额' ]
plt.title( '2013-2019 年线上图书销售情况' )
plt.stackplot( x,y )
plt.show( )
```

（2）堆叠面积图。

示例 10：绘制堆叠面积图分析各平台图书的销售情况。

通过堆叠面积图分析 2013～2019 年线上各平台图书的销售情况。构建堆叠面积图的关键在于增加 y 轴，通过增加多个 y 轴数据，形成堆叠面积图，关键代码如下：

```
import pandas as pd
import matplotlib.pyplot as plt
df = pd.read_excel('books.xlsx',sheet_name='Sheet2')
plt.rcParams['font. sans-serif'] = ['SimHei']# 解决中文乱码
x = df['年份']
y1 = df['京东']
y2 = df['天猫']
y3 = df['自营']
# 图表标题
plt.title('2013-2019 年线上图书销售情况')
plt.stackplot(x,y1,y2,y3,colors = ['# 6d904f','# fc4f30','# 008fd5'])
# 图例
plt.legend(['京东','天猫','自营'],loc = 'upperleft')
plt.show()
```

### 5.3.7 绘制热力图

热力图是通过密度函数进行可视化，用于表示地图中点的密度的热图。它使人们能够独立于缩放因子感知点的密度。热力图可以显示不可点击区域发生的事情。利用热力图可以看数据表里的多个特征中两两内容的相似度。例如，以特殊高亮的形式显示访客热衷的页面区域和访客所在的地理区域。热力图在网页分析、业务数据分析等其他领域也有较为广泛的应用。

示例 11：绘制简单的热力图。

绘制热力图是数据分析的常用方法，通过色差、亮度来展示数据的差异，易于理解。绘制简单的热力图，代码如下：

```
import matplotlib.pyplot as plt
X = [[3,4],[1,2], [7,8], [5,6], [9,10]]
plt.imshow(X)
plt.show()
```

上述代码中，plt.imshow(X)中传入的数组 X = [[1,2],[3,4],[5,6],[7,8],

[9,10]]是对应的颜色，按照矩阵 X 进行颜色分布。例如：左上角的颜色为蓝色，则对应值为 1；右下角颜色为黄色，则对应值为 10。具体如下：

$$[1,2][深蓝,蓝色]$$
$$[3,4][蓝绿,深绿]$$
$$[5,6][海藻绿,春绿色]$$
$$[7,8][绿色,浅绿色]$$
$$[9,10][草绿色,黄色]$$

### 5.3.8　绘制箱形图

箱形图又称箱线图、盒须图或盒式图，它是一种用来显示一组数据分散情况资料的统计图，因形状像箱子而得名。箱形图最大的优点就是不受异常值的影响（异常值也称为离群值），可以以一种相对稳定的方式描述数据的离散分布情况，因此在各种领域也经常被使用。另外，箱形图也常用于异常值的识别。利用 Matplotlib 绘制箱形图主要使用 boxplot( ) 函数，语法如下：

matplotlib, pyplot.boxplot ( x , notch = None , sym = None , vert = None , whis = None , positions = None , widths = None , patch _ artist = None , meanline = None , showmeans = None , showcaps = None , showbox = None , showfliers = None , boxprops = None , labels = None , flierprops = None , medianprops = None , meanprops = None , capprops = None , whiskerprops = None )

参数说明如下：

x：指定要绘制箱形图的数据。

notch：是否以凹口的形式展现箱形图，默认非凹口。

sym：指定异常点的形状，默认为加号（+）显示。

vert：是否需要将箱形图垂直摆放，默认垂直摆放。

whis：指定上下限与上下四分位的距离，默认为 1.5 倍的四分位差。

positions：指定箱形图的位置，默认为 [0，1，2，…]。

widths：指定箱形图的宽度，默认为 0.5。

patch_artist：是否填充箱体的颜色。

meanline：是否用线的形式表示均值，默认用点来表示。

showmeans：是否显示均值，默认不显示。

showcaps：是否显示箱形图顶端和末端的两条线，默认显示。

showbox：是否显示箱形图的箱体，默认显示。

showfliers：是否显示异常值，默认显示。

boxprops：设置箱体的属性，如边框色、填充色等。

labels：为箱形图添加标签，类似于图例的作用。

filerprops：设置异常值的属性，如异常点的形状、大小、填充色等。

medianprops：设置中位数的属性，如线的类型、粗细等。

meanprops：设置均值的属性，如点的大小、颜色等。

capprops：设置箱形图顶端和末端线条的属性，如颜色、粗细等。

whiskerprops：设置必需的属性，如颜色，线的类型、粗细等。

示例 12：通过箱形图判断异常值。

通过箱形图查找客人总消费的数据中存在的异常值，代码如下：

```
import matplotlib.pyplot as plt
import pandas as pd
df = pd.read_excel('tips.xlsx')
plt.boxplot(x = df['总消费'], # 指定绘制箱线图的数据
whis = 1.5, # 指定 1.5 倍的四分位差
widths = 0.3, # 指定箱线图中箱子的宽度为 0.3
patch_artist = True, # 填充箱子颜色
showmeans = True, # 显示均值
boxprops = {'facecolor':'RoyalBlue'},
flierprops = {'markerfacecolor':'red','markeredgecolor':'red','markersize':3},
# 指定异常值的填充色、边框色和大小
meanprops = {'marker':'h','markerfacecolor':'black','markersize':8}, # 指
定均值点的标记符号(六边形)、填充色和大小
medianprops = {'linestyle':'--','color':'orange'},
# 指定中位数的标记符号(虚线)和颜色
labels = ['']) # 去除 x 轴刻度值
plt.show()
```

```
# 计算下四分位数和上四分位
Q1 = df['总消费'].quantile(q = 0.25)
Q3 = df['总消费'].quantile(q = 0.75)
# 基于 1.5 倍的四分位差计算上下限对应的值
low_limit = Q1 - 1.5 * (Q3 - Q1)
up_limit = Q3 + 1.5 * (Q3 - Q1)
# 查找异常值
val = df['总消费'][(df['总消费'] > up_limit) | (df['总消费'] < low_limit)]
print('异常值如下:')
print(val)
```

### 5.3.9　绘制 3D 图表

3D 图表有立体感，也比较美观，看起来更加"高大上"。绘制 3D 图表，我们依旧使用 Matplotlib，但需要安装 mpl_toolkits 工具包，使用 pip 安装命令: pip. install-updatematplotlib。

（1）3D 柱形图。

示例 13：绘制 3D 柱形图。

绘制 3D 柱形图，代码如下:

```
import matplotlib.pyplot as plt
from mpl_toolkits. mplot3d.axes3d import Axes3D
importnumpyasnp
fig = plt.figure()
axes3d = Axes3D(fig)
zs = [6,5,1,11,20]
forzinzs:
x = np.arange(0,10)
y = np.random.randint(0,30,size = 10)
axes3d.bar(x,y,zs = z,zdir = 'x',color = ['r','green','yellow','c'])
plt.show()
```

结果如图 5-4 所示。

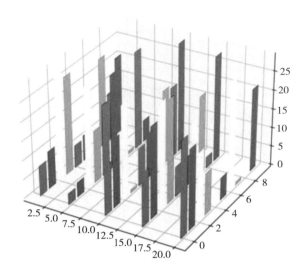

图 5-4  3D 柱形图

（2）3D 曲面图。

示例 14：绘制 3D 曲面图。

绘制 3D 曲面图，代码如下：

```
import matplotlib.pyplot as plt
import numpy as np
frommpl_toolkits.mplot3d import Axes3D
fig = plt.figure( )
ax = Axes3D( fig)
delta = 0.125
# 生成代表 X 轴数据的列表
x = np.arange( -4.0, 4.0, delta)
# 生成代表 Y 轴数据的列表
y = np.arange( -3.0, 4.0, delta)
# 对 x、y 数据执行网格化
X, Y = np.meshgrid( x, y)
Z1 = np.exp( -X * * 2 - Y * * 2)
```

Z2＝np.exp(-(X-1)＊＊2-(Y-1)＊＊2)

# 计算 Z 轴数据(高度数据)

Z＝(Z1-Z2)＊2

# 绘制 3D 图形

ax.plot_surface(X,Y,Z)

rstride＝1,# rstride(row)指定行的跨度

cstride＝1,# cstride(column)指定列的跨度

cmap＝plt.get_cmap('rainbow')# 设置颜色映射

# 设置 Z 轴范围

ax.set_zlim(-2,2)

plt.show()

结果如图 5-5 所示。

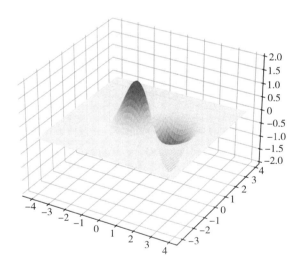

图 5-5　3D 曲面图

### 5.3.10 绘制多个子图表

Matplotlib 可以实现在一张图上绘制多个子图表。Matplotlib 提供了三种方法：一是使用 subplot( ) 函数，二是使用 subplots( ) 函数，三是使用 add_subplot( ) 函数。下面分别进行介绍。

（1）subplot( ) 函数。subplot( ) 函数直接指定划分方式和位置，它可以将一个绘图区域划分为 n 个子图，每个 subplot( ) 函数只能绘制一个子图。语法如下：

```
matplotlib.pyplot.subplot( \ * args, \ * \ * kwargs)
```

参数说明如下：

* args：当传入的参数个数未知时使用 * args。

* * kwargs：关键字参数，其他可选参数。

示例 15：绘制包含多个子图的图表。

通过上述举例了解到 subplot( ) 函数的基本用法，接下来将前面所学的简单图表整合到一张图表上。代码如下：

```
import matplotlib.pyplot as plt
# 第 1 个子图表——折线图
plt.subplot(2,2,1)
plt.plot([1,4,3,7,5])
# 第 2 个子图表——散点图
plt.subplot(2,2,2)
plt.plot([1,2,3,4,5],[12,45,48,12,18],'ro')
# 第 3 个子图表——柱形图
plt.subplot(2,1,2)
x=[1,2,3,4,5,6]
height=[11,21,31,41,51,61]
plt.bar(x,height)
plt.show()
```

结果如图 5-6 所示。

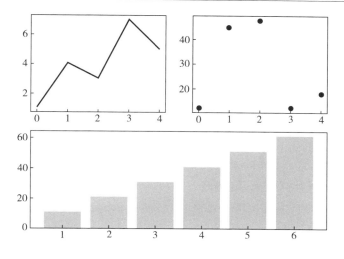

图 5-6　多个子图表

上述示例中，两个关键点一定要掌握：

1）每绘制一个子图表都要调用一次 subplot( )函数。

2）绘图区域的位置编号。

subplot( )函数的前面两个参数指的是一个画布被分割成的行数和列数，后面一个参数则指的是当前绘制区域的位置编号，编号规则是行优先。

（2）subplots( )函数。利用 subplot( )函数在画布中绘图时，每次都要调用它来指定绘图区域，非常麻烦，而 subplots( )函数则更直接，它会事先把画布区域分割好。subplots( )函数语法如下：

matplotlib.pyplot.subplots( nrows , ncols , sharex , sharey , squeeze , subplot_kw , grid-spec_kw , \ * \ * fig_kw )

参数说明如下：

nrows 和 ncols：表示将画布分割成几行几列，例如，nrows = 2、ncols = 2 表示将画布分割为 2 行 2 列，且起始值都为 0，当调用画布中的坐标轴时，ax［0，0］表示调用左上角的坐标，ax［1，1］表示调用右下角的坐标。

sharex 和 sharey：表示坐标轴的属性是否相同，可选的参数为 True、False、row、col，默认值为 False，表示画布中的四个 ax 是相互独立的。当 sharex = True、sharey = True 时，生成的四个 ax 的所有坐标轴拥有相同的属性。

squeeze：布尔型，默认值为 True，额外的维度从返回的 Axes（轴）对象中挤出，对于 N×1 或 1×N 个子图，返回一个一维数组；对于 N×M、N×1 和 M×1，返回一个二维数组。如果值为 False，则表示不进行挤压操作，返回一个元素为 Axes 实例的二维数组，即使它最终是 1×1。

subplot_kw：字典类型，可选参数。把字典的关键字传递给 add_subplot 来创建每个子图。

gridspec_kw：字典类型，可选参数。把字典的关键字传递给 GridSpec 构造函数，创建子图并放在网格里（grid）。

＊＊fig_kw：把所有详细的关键字参数传给 figure。

示例 16：使用 subplots()函数绘制多子图图表。

使用 subplots()函数将前面所学的简单图表整合到一张图表上，程序代码如下：

```
import matplotlib.pyplot as plt
figure,axes = plt.subplots(2,2)
axes[0,0].plot([1,4,3,7,5])# 折线图
axes[0,1].plot([1,2,3,4,5],[12,45,48,12,18],'ro ')# 散点图
# 柱形图
x = [1,2,3,4,5,6]
height = [11,21,31,41,51,61]
axes[1,0].bar(x,height)
plt.show()
```

（3）add_subplot()函数。add_subplot()函数也可以实现在一张图上绘制多个子图表，用法与 subplot()函数基本相同。

以上用 3 种方法实现了在一张图上绘制多个子图表，3 种方法各有所长。subplot 方法和 add_subplot 方法比较灵活，定制化效果比较好，可以实现子图表在图中的各种布局（如一张图上的 3 个图表或 5 个图表可以随意摆放），而 subplots 方法就不那么灵活，但它可以用较少的代码实现绘制多个子图表。

### 5.3.11　图表的保存

在实际工作中，有时需要将绘制的图表保存为图片放置到报告中。Matplotlib

的 savefig( ) 函数可以实现这一功能，将图表保存为 JPEG、TIFF 或 PNG 格式的图片。例如，保存之前绘制的折线图，关键代码如下：

```
plt.savefig('image.jpeg')
```

需要注意一个关键问题：保存代码必须在图表预览前，也就是 pltshow 方法前，否则保存后的图片是白色，图表无法保存。运行程序，图表被保存在程序所在路径下，名称为 image.jpeg。

# 5.4　常用图表的绘制：高级部分

Seaborn 是一个基于 Matplotlib 的高级可视化效果库，偏向于统计图表。因此，其针对的主要是数据挖掘和机器学习中的变量特征选取。相比于 Matplotlib，它的语法较简单，绘制图表时不需要花很多工夫去修饰，但是它的绘图方式会比较局限，不够灵活。

### 5.4.1　Seaborn 图表概述与安装

Seaborn 是基于 Matplotlib 的 Python 可视化库。它提供了一个高级界面来绘制有吸引力的统计图形。Seaborn 其实是在 Matplotlib 的基础上进行了更高级的 API 封装，从而使作图更加容易，不需要经过大量的调整就能使图表变得非常精致。可以利用 pip 工具（pip install seaborn）安装，或者在 PyCharm 开发环境中安装。需要注意的是，如果安装报错，可能是由于没有安装 Scipy 模块，因为 Seabomn 依赖于 Scipy，所以需要先安装 Scipy。

### 5.4.2　绘制核密度图（kdeplot( ) 函数）

核密度是概率论中用来估计未知的密度函数，属于非参数检验的工具之一。通过核密度图可以比较直观地看出数据样本本身的分布特征。利用 Seaborn 绘制核密度图主要使用 kdeplot( ) 函数，语法如下：

```
sns.kdeplot(data,shade=True)
```

参数说明如下：

data：数据。

shade：是否带阴影，默认值为 True，带阴影。

示例 17：绘制核密度图分析"鸢尾花"。

绘制核密度图，通过 Seaborn 自带的数据集 iris 演示，对"鸢尾花"进行分析，关键代码如下：

```
import matplotlib.pyplot as plt
importseabornassns
sns.set_style( 'darkgrid ' )
# 加载内置数据集 tips(小费数据集),并对 total_bill 和 tip 字段绘制散点图
tips = sns.load_dataset( 'tips ' )
sns.relplot( x = 'total_bill ' ,y = 'tip ' ,data = tips,color = 'r ' )
plt.show( )# 显示
```

下面再介绍一种边际核密度图，该图可以更好地体现两个变量之间的关系，关键代码如下：

```
sns.jointplot( x = df[ '' sepal_length '' ] ,y = df[ '' sepal_width '' ] ,kind = 'kde ',
space = 0)
```

### 5.4.3　绘制提琴图（violinplot（）函数）

提琴图结合了箱形图和核密度图的特征，用于展示数据的分布形状。提琴图弥补了箱形图的不足，可以展示数据分布是双模还是多模。提琴图主要使用 violinplot()函数绘制。关键代码如下：

```
sns.violinplot( x = 'total_bill ' ,y = 'day ' ,hue = 'time ' ,data = tips)
```

# 5.5　本章小结

在本章中，我们学习了数据分析图表的基本知识。首先，我们了解了 Matplotlib 库的基本设置和常用设置，包括调整图形大小、添加标题和标签等。其次，我们学习了如何绘制不同类型的基础图表，如折线图、柱形图、直方图、饼形图、散点图、面积图、热力图、箱形图以及 3D 图表等。此外，我们还学习了如何创建子图和设置画布的布局。

除了 Matplotlib，我们还介绍了 Seaborn 库，它是一个用于数据可视化的高级库。我们了解了 Seaborn 的安装方法，并学习了如何使用核密度图和提琴图绘制数据分析图表。这些图表可以帮助我们更好地理解数据的分布情况和趋势。

通过本章的学习，我们掌握了数据分析中常用的图表绘制方法和技巧。这些图表不仅可以使数据更加直观易懂，还可以帮助我们从中获取更多的信息和提升洞察力。在实际的数据分析工作中，合理选择和运用这些图表将会对我们的工作产生积极的影响。

**思考题**

1. 在绘制数据图表时，你认为有哪些因素是需要特别注意的，以确保图表的准确性和可读性？

2. 除了常见的折线图、柱形图、饼形图等基础图表类型，你是否会使用其他类型的图表来展示数据分析结果？你可以举例说明这些图表类型在实际应用中的价值所在。

3. 在绘制数据图表时，你是否会考虑调整图表的颜色、字体等风格元素来增强信息传达效果？你会如何根据数据类型和分析目的来恰当地调整这些元素？

**练习题**

1. 请使用 Matplotlib 库绘制一个折线图，展示某城市过去一周的温度变化情况。横轴表示日期，纵轴表示温度。你可以自行选择温度单位和具体的数据。

2. 使用 Matplotlib 库绘制一个柱形图，比较不同商品在过去一年的销售量。横轴表示商品名称，纵轴表示销售量。你可以自行选择商品和相应的销售数据。

3. 使用 Matplotlib 库绘制一个散点图，展示某公司员工的工龄与薪资之间的关系。横轴表示工龄，纵轴表示薪资。你可以自行选择员工及其工龄和薪资数据。

4. 使用 Seaborn 库绘制一个核密度图，展示某城市过去一年每天的降雨量分布情况。横轴表示降雨量，纵轴表示密度。你可以自行选择降雨量数据。

5. 使用 Seaborn 库绘制一个提琴图，比较不同学历人群的收入分布情况。横轴表示学历，纵轴表示收入。你可以自行选择不同学历的人群及其收入数据。

# 第 3 篇

## 数据采集

# 第6章 网络爬虫基础

本章学习网络爬虫的基础知识，为探索和利用互联网中的数据世界奠定坚实的基础。章节内容涵盖了网络爬虫的核心概念和基本原理，以及在这个过程中需要考虑的伦理和法律问题。通过这些内容，读者将能够理解网络爬虫的工作机制，从而更有针对性地选择合适的方法和工具来实现数据的采集与分析。

此外，本章还将介绍 HTML 语言和其基本标签，以及 CSS 层叠样式表。学习HTML 和 CSS，有助于在爬取数据时准确地定位和提取所需的数据，从而更有效地编写爬虫代码。

## 6.1 认识网络爬虫

这对于个人和企业而言都具有重要意义。网络爬虫能够帮助我们获取并分析数据，从而做出更明智的决策，进行竞争分析、市场研究，甚至开发创业项目。此外，通过学习网络爬虫，还可以提高编程技能，拓展自己的技术领域，同时也能将自动化应用于各种任务，如定期更新数据、监控网站状态等。然而，在使用网络爬虫时，我们也要遵守法律法规和道德准则，确保合法合规地获取数据。

### 6.1.1 什么是网络爬虫

网络爬虫，又被称为网络蜘蛛、网络机器人或网络爬行器，是一种自动化程序，旨在遍历互联网上的网页并从中收集信息。这些信息可能包括文本、图像、链接等，有各种用途，如数据挖掘、信息检索、搜索引擎索引等。

网络爬虫在许多领域有着广泛的应用，以下是一些典型的应用：

（1）搜索引擎。通用爬虫在搜索引擎中扮演着关键角色，其用于构建搜索引擎的索引数据库，以便用户快速地在互联网上搜索相关信息。搜索引擎爬虫在互联网上遍历网页，收集网页内容和元数据，然后将这些数据整理成一个巨大的索引。当用户进行搜索时，搜索引擎根据索引返回相关的搜索结果。Google 的爬虫是一个著名的通用爬虫，它可以遍历数十亿的网页，使 Google 搜索引擎成为最常用的搜索工具之一。

（2）新闻聚合。聚焦爬虫在新闻聚合平台中发挥着重要作用。这些爬虫被用来收集新闻网站上的最新新闻，然后将这些新闻整合到一个单一的平台上，使用户能够方便地浏览和阅读各种新闻。例如，Flipboard 和 Feedly 是著名的新闻聚合应用，它们使用聚焦爬虫来获取各种新闻网站的内容，从而为用户提供个性化的新闻阅读体验。

（3）电子商务。网络爬虫在电子商务中有着广泛的应用。商家可以使用爬虫来监测竞争对手的产品价格、描述和库存情况。通过持续地跟踪竞争对手的数据，商家可以更好地了解市场趋势，制定更明智的定价策略，并做出针对性的调整。此外，电商平台也可以使用爬虫来获取供应商的产品信息，以便在自己的平台上展示。

（4）数据挖掘。爬虫在数据挖掘领域中被广泛使用，用于收集各种类型的数据，如社交媒体上的用户评论、文章内容、舆论情感等。这些数据可以被用来进行分析和洞察，从而帮助企业、研究机构和政府等做出更明智的决策。举例来说，社交媒体监测公司可以使用爬虫来收集用户的观点和情感，以帮助品牌了解公众对其产品或服务的看法。

（5）科研。在科研领域，网络爬虫可用于从学术文献数据库中获取研究论文和学术资料。研究人员可以使用爬虫来快速获取大量文献，以支持他们的学术研究、论文写作。爬虫还可以帮助研究人员更高效地搜集和整理信息，从而加快研究进程。

根据目的、功能和工作方式可以将网络爬虫分为以下几种类型：

（1）通用爬虫。通用爬虫是设计用于广泛地遍历互联网，并收集尽可能多的信息。这些爬虫被搜索引擎使用，以构建搜索引擎的索引数据库。它们的工作方式类似于从一个起始网页开始，然后通过解析页面上的链接，逐步遍历整个互联网。这种爬虫对于搜索引擎来说至关重要，因为它们能够找到并索引各种类型的网页，从而为用户提供多样化的搜索结果。

（2）聚焦爬虫。聚焦爬虫与通用爬虫不同，它们专注于特定领域、主题或类型的网页。这些爬虫被用于构建特定主题的搜索引擎、信息聚合网站或垂直搜索引擎。聚焦爬虫通过定向选择性爬取，只获取与其特定主题相关的信息，从而提供更准确的搜索结果。例如，一个聚焦爬虫可能只爬取医疗领域的网页，以提供一个专门的医疗信息搜索引擎。

（3）增量式爬虫。增量式爬虫是为了有效地保持数据的最新性而设计的。它们定期检查之前爬取过的网站，只爬取其中新增或修改的内容，从而避免不必要的重复爬取。这种爬虫有助于维护数据库的实时性，特别是对于需要及时更新数据的应用。举例来说，一个新闻聚合网站可能会使用增量式爬虫，每天定期更新最新的新闻文章。

（4）深层网页爬虫。深层网页爬虫专注于获取那些使用 JavaScript 等技术在客户端动态生成内容的网页。这些页面通常无法通过简单的 HTML 解析获取到数据，因为内容是在浏览器加载和执行脚本后生成的。深层网页爬虫模拟浏览器行为，等待页面完全加载，然后提取生成的数据。这在现代 Web 应用中尤其重要，因为很多内容都是在客户端渲染的。例如，一个电商网站可能使用深层网页爬虫来获取使用 JavaScript 渲染的商品信息。

每种类型的爬虫都有其独特的用途和应用场景，根据具体的需求选择合适的类型可以提高爬虫的效率和准确性。

### 6.1.2　网络爬虫基本原理

网络爬虫的基本原理是模拟人类浏览器的行为，自动浏览网页并提取所需数据。其工作流程如下：

（1）选择起始点和种子 URL。网络爬虫需要一个起始点，通常是一个或多个种子 URL（Uniform Resource Locator）。这些 URL 指向要开始爬取的网页。

（2）发送 HTTP 请求。爬虫通过发送 HTTP 请求访问目标 URL，获取网页内容。在请求中，爬虫可以模拟不同的 HTTP 方法（如 GET、POST）和请求头部信息，以获取所需的响应。

（3）获取响应。爬虫接收到服务器的响应，响应内容通常是 HTML 文档，但也可以是其他格式的数据，如 JSON 或 XML。

（4）解析 HTML 内容。爬虫需要解析 HTML 文档，以找到目标数据的位置。

它可以使用解析库（如 Beautiful Soup、lxml）来浏览文档的 DOM（文档对象模型）结构。

（5）提取数据。一旦解析了 HTML 文档，爬虫将根据预定的规则提取所需的数据，如标题、正文、图片链接等。这通常涉及使用 CSS 选择器或 XPath 来定位元素。

（6）处理链接。爬虫可能会在页面中找到其他链接，它可以递归地跟踪这些链接，以便爬取更多的页面。但要小心处理循环链接或无限递归的情况。

（7）存储数据。爬虫从多个页面中收集的数据需要被妥善存储，可以选择将数据保存到文件、数据库或其他存储系统中。

（8）限制访问频率。为了避免给服务器带来过大的负载，爬虫通常会设置访问频率的限制，遵守 robots. txt 文件中定义的规则，以及网站的使用条款。

网络爬虫的成功取决于合适的设计、良好的伦理规范和对目标网站的尊重。在开发网络爬虫时，需要注意遵守法律法规、网站的使用政策，并确保不对目标服务器造成过度的负担。

### 6.1.3　网页爬取的伦理和法律问题

在进行网页爬取时，我们需要考虑一系列伦理和法律问题，以确保我们的行为合法、道德，同时尊重网站的使用条款和用户隐私。以下是关于网页爬取伦理和法律问题的重要内容。

#### 6.1.3.1　爬虫的合法性与道德考量

网页爬取的合法性与道德性是我们在爬取数据时必须要考虑的重要因素。虽然网页上的信息是公开的，但并不意味着我们可以随意爬取。以下是一些值得考虑的因素：

（1）是否有明确的许可或授权。在爬取数据之前，应该查看网站的使用条款、服务协议等，以确定是否有明确的许可或授权允许爬取。

（2）尊重 Robots 协议。Robots 协议（也称为 robots. txt）是网站提供的一个文本文件，用于指示爬虫哪些页面可以爬取，哪些页面应该避免。尊重这些规则是合法和道德的做法。

（3）避免过度频繁地请求。过度频繁地请求可能会对网站的性能产生负面影响，甚至被视为恶意行为。合理设置爬取频率，以避免对网站造成不必要的压力。

（4）尊重网站的隐私和版权。不应该爬取包含个人隐私信息的内容，也不应该违反版权法律来获取数据。

### 6.1.3.2　网站的使用条款与 Robots 协议

在进行网页爬取之前，应该仔细阅读网站的使用条款、服务协议以及 Robots 协议。这些文件通常规定了以下内容：

（1）网站允许爬取的内容和频率。

（2）是否允许对爬取的数据进行商业运用。

（3）是否禁止爬取特定部分的网站。

（4）是否有权在未经通知的情况下修改使用条款。

遵循这些规定能够帮助我们确保合法合规地进行网页爬取，避免可能发生的法律问题。

### 6.1.3.3　频率限制与隐私保护

在进行爬取时，应该合理设置请求频率，避免短时间内发送过多请求，从而减轻对网站服务器的负担。同时，也需要注意保护用户隐私，避免爬取包含个人敏感信息的页面。

（1）频率限制。确保设置适当的爬取速率，遵循 Robots 协议中可能提供的爬取频率限制。

（2）隐私保护。避免爬取包含用户个人信息的页面，不应该用爬虫获取敏感数据。

总之，网页爬取是一项强大的技术，但在使用时必须遵循法律法规和道德原则。合法、合规的爬取行为有助于维护互联网生态的健康发展，保护网站所有者、用户以及我们自己的利益。

## 6.2　网页结构分析

在网络爬虫的学习过程中，深入了解网页结构是至关重要的一步。正如建筑师需要理解建筑的蓝图一样，网络爬虫也需要掌握网页的构成方式，以便准确地定位和提取所需的数据。在本节中，我们将探索网页的本质，学习 HTML 语言以及它所构建的网页结构。通过了解 HTML 的基本标签和 CSS 层叠样式表，将能够逐渐建立起解读网页的能力，为后续的爬虫实践打下坚实的基础。

### 6.2.1 HTML 语言

HTML，英文 HyperText Markup Language 的缩写，是一种用于创建和组织网页内容的标记语言。它通过使用一系列的标签和元素来定义网页的结构和内容，使浏览器能够正确地渲染和显示页面。HTML 允许我们将文本、图像、链接和其他媒体元素整合到一个有层次结构的页面中。作为构建网页的基础，HTML 在互联网中发挥着至关重要的作用。

在大多数现代浏览器中，可以通过以下步骤来查看网页的 HTML 源码：

（1）打开网页。打开任意一个网页，等待几秒，确保网页内容已加载完整。

（2）右键单击。在网页的任意位置，右键单击鼠标。

（3）选择"查看页面源代码"（英文"View page source"）。在右键单击菜单中，通常会有一个选项叫作"查看页面源代码""查看源码"等类似的名称，点击这个选项。

（4）查看源码。一个新的窗口或标签页将打开，其中将显示网页的 HTML 源代码。这是网页在浏览器中渲染前的原始标记。

### 6.2.2 HTML 网页结构

在本小节中，学习通过浏览器开发者工具查看一个网页的实际元素结构。打开开发者工具（按 F12 键），切换到"Elements"（元素）选项卡，你将看到页面中的每个元素是如何嵌套和组织的。

在大多数现代浏览器中，你可以通过以下步骤来打开开发者工具并查看网页元素：

（1）打开网页。打开你想查看元素的网页，确保已加载完整。

（2）打开开发者工具。

Google Chrome：右键单击网页上的任何地方，然后选择"检查"或直接使用快捷键 Ctrl+Shift+I（Windows/Linux）或 Cmd+Option+I（macOS）。

Mozilla Firefox：右键单击网页上的任何地方，然后选择"检查元素"或直接使用快捷键 Ctrl+Shift+I（Windows/Linux）或 Cmd+Option+I（macOS）。

Microsoft Edge：右键单击网页上的任何地方，然后选择"检查"或直接使用快捷键 Ctrl+Shift+I（Windows/Linux）或 Cmd+Option+I（macOS）。

Safari：前往菜单栏中的"开发"→"显示 Web 检查"或直接使用快捷键 Option+Command+I。

（3）查看元素。一旦打开开发者工具，你将看到一个新的窗口或选项卡，其中显示了页面的各个元素和对应的 HTML 标记。你可以在这里浏览、选择和编辑元素。

在开发者工具中，可以轻松地查看和编辑网页的 HTML、CSS 和 JavaScript 代码，调试和分析页面，以及进行性能优化。这对于学习网页开发、调试问题以及进行网络爬虫等任务都非常有用。

接下来，以百度首页为例，简要说明 HTML 网页的基本结构：

```
<! DOCTYPE html>
<html lang="en">
<head>
    <meta charset="UTF-8">
    <meta name="viewport" content="width=device-width,initial-scale=1.0">
    <title>百度一下,你就知道</title>
    <link rel="stylesheet" href="styles.css">
</head>
<body>
    <header>
        <h1>百度一下,你就知道</h1>
    </header>
    <nav>
        <! --导航链接-->
    </nav>
    <main>
        <form action="/s" method="GET">
            <input type="text" name="wd" placeholder="请输入搜索关键词'' >
            <input type="submit" value="百度一下">
        </form>
    </main>
```

```
        <footer>
            <p>ⓒ2023 Baidu</p>
        </footer>
    </body>
</html>
```

当我们访问网页时，实际上是与一段由 HTML 标记构成的文档进行交互。除了百度网页，我们还可以多查看任意几个网页，可以发现这些网页的 HTML 代码结构基本相似，都由<html>、<head>、<body>等标签组成。事实上，这些 HTML 标记以特定的方式组织，形成了网页的基本结构。

HTML 网页的基本结构通常包含以下几个主要部分：

（1）<! DOCTYPE html>。这是文档类型声明，指定网页使用的 HTML 版本。它告诉浏览器如何解析页面。

（2）<html>。这是根元素，表示整个 HTML 文档的开始。

（3）<head>。在头部区域，通常包含元信息和外部资源的引用，如字符集、样式表、脚本等。

（4）<title>。在头部区域中，定义网页的标题，将显示在浏览器标签上。

（5）<meta>。这些标记提供关于页面的元信息，如字符编码、视口设置等。

（6）<link>。通常在头部区域中，用于引入外部资源，如样式表文件。

（7）<body>。在这部分，包含着实际的页面内容，如文本、图像、链接等。

（8）<script>。这个元素用于引入 JavaScript 代码或外部脚本文件。JavaScript 可以使网页具有动态交互功能，比如表单验证、动画效果等。

常见的结构元素如下：

<header>：通常用于页面顶部，可能包含网站标志、标题等。

<nav>：通常用于导航链接，让用户可以浏览其他页面。

<main>：这是主要内容的容器，通常包含页面的核心信息。

<section>：表示文档中的一个主题区块，有助于组织内容。

<article>：表示独立的内容单元，如博客文章、新闻等。

<aside>：通常用于侧边栏，包含与主要内容相关的补充信息。

<footer>：通常位于页面底部，可能包含版权信息、联系方式等。

了解这些基本 HTML 结构元素有助于我们理解网页的布局和内容组织方式。

当我们编写网络爬虫时，我们需要针对这些结构元素来定位和提取我们所需的信息。

### 6.2.3　HTML 的基本标签

HTML 标签用于定义不同类型的元素，从而构建页面的结构和内容。标签通常由起始标签和结束标签组成，例如<tag>内容</tag>，其中，tag 是标签名，内容是标签包裹的内容。某些标签也可以自闭合，如<img>标签，不需要结束标签。以下是一些基本的 HTML 标签：

（1）<h1>~<h6>。定义标题，表示不同级别的标题，<h1>表示最高级别，<h6>表示最低级别。例如，<h1>是一个标题</h1>。

（2）<p>。定义段落，用于显示一段文本。例如，<p>这是一个段落</p>。

（3）<a>。定义超链接，创建到其他网页或资源的链接。例如，<a href=''https://www.example.com ">点击这里</a>。

（4）<img>。插入图像，通过 src 属性指定图像的 URL。例如，<img src=''image.jpg "alt="图像描述">。

（5）<ul>和<ol>。定义无序列表和有序列表，用<li>标签表示列表项。例如，无序列表：

```
<ul>
    <li>项目 1</li>
    <li>项目 2</li>
</ul>
```

有序列表：

```
<ol>
    <li>第一项</li>
    <li>第二项</li>
</ol>
```

（6）<div>和<span>。用于划分页面的块级和内联区域，可用于样式和布局。例如，<div>这是一个块级区域</div>，<span>这是一个内联区域</span>。

（7）<br>。定义换行，用于在文本中插入换行符。例如，这是第一行<br>

这是第二行。

（8）<hr>。定义水平分隔线，用于在页面中插入分隔线。

以上是 HTML 中一些常用的基本标签，它们构成了页面的基础结构和内容。通过使用这些标签，你可以创建丰富多样的网页，展示各种类型的信息。

### 6.2.4　制作简单网页

在本节中，我们将动手制作一个简单的网页，使用电脑自带的文本编辑器（如记事本）编写 HTML 代码，并通过浏览器进行渲染。这将帮助我们更好地理解 HTML 的基本结构和标记用法。

（1）创建 HTML 文件。首先，打开任何文本编辑器，如记事本（Windows）或 TextEdit（Mac）。其次，新建一个文件，将文件名命名为 simple_page.txt。

（2）编写 HTML 代码。在新建的 simple_page.txt 文件中，输入以下基本的 HTML 结构代码：

```
<! DOCTYPE html>
<html>
<head>
    <title>简单网页示例</title>
</head>
<body>
    <header>
        <h1>欢迎来到我的网页</h1>
    </header>
    <nav>
        <ul>
            <li><a href="# ">首页</a></li>
            <li><a href="# ">关于我</a></li>
            <li><a href="# ">联系方式</a></li>
        </ul>
    </nav>
```

```
<main>
    <section>
        <h2>关于我</h2>
        <p>我是一个热爱编程和技术的人。</p>
    </section>
    <section>
        <h2>联系方式</h2>
        <p>您可以通过电子邮件与我联系:example@ example.com</p>
    </section>
    <div>
        <h2>我的兴趣爱好</h2>
        <p>我喜欢阅读、旅行和尝试新的编程项目。</p>
    </div>
</main>
<footer>
    <p>&copy;2023 我的网页</p>
</footer>
</body>
</html>
```

（3）查看网页效果。保存文件后，将文件名为 simple_ page.html 的文件双击打开，会自动使用默认的浏览器进行渲染。我们将会看到一个包含更多常见标签的简单网页，包括标题、导航栏、主要内容、页脚以及一个包含 div、h2 和 p 标签的区域，如图 6-1 所示。

为了保护个人信息，已隐去图 6-1 中地址栏和工具栏的个人信息。目前我们自制的网页还是比较简陋的，在排版方面与平时看到的网页相去甚远。因为我们还没有用到美化网页的工具——CSS（层叠样式表）。接下来，我们将了解 CSS 相关内容，但是，考虑到在网络爬虫中较少用到 CSS，我们只作简单介绍。

图 6-1　网页示例

### 6.2.5　CSS 层叠样式表

CSS，即层叠样式表（Cascading Style Sheets），是一种用于控制网页外观和布局的标记语言。与 HTML 负责定义网页内容不同，CSS 专注于定义网页的样式、颜色、字体、排版和布局等。它为网页设计师和开发人员提供了一种有效的方式来控制和定制页面的外观，使网页更加美观、可读和对用户更友好。

CSS 的主要作用有以下几点：

（1）样式控制。CSS 允许你对网页中的各个元素应用不同的样式，可以定义字体、颜色、背景、边框等属性，从而使网页元素呈现出一致的外观。

（2）布局控制。可以调整元素的位置、大小和间距，从而实现更灵活的页面布局。这使页面在不同设备上的显示效果更加一致。

（3）响应式设计。CSS 使响应式设计成为可能，即使在不同尺寸的设备上，页面也可以自适应地调整布局和样式，以确保最佳的用户体验。

（4）易于维护。将样式与内容分离，使对页面样式的更改不会影响到内容。这样，当需要修改外观时，只需更新 CSS 文件，而不必修改每个页面的 HTML 代码。

（5）可读性和可访问性。通过统一的样式，提高了网页的可读性和一致性。此外，合理的 CSS 布局和标记结构可以提高网页的可访问性，使不同能力的用户都能更好地浏览网页。

（6）浏览器兼容性。CSS 使网页可以在不同的浏览器中显示相似的外观，从而提供更好的跨浏览器兼容性。

总之，CSS 为网页设计师和开发人员提供了一种强大的工具，用于实现网页的外观、样式和布局。通过使用 CSS，我们可以为网页赋予独特的外观，使其在各种设备和浏览器上都能呈现出协调和美观的视觉效果。然而，本书并不介绍 CSS 的具体用法。如有兴趣，可以查阅其他相关资料来深入了解 CSS 的应用。

# 6.3　本章小结

通过本章的学习，我们已经了解了网络爬虫的概念、基本原理以及网页的结构和组成方式。同时，还学习了 HTML 语言，掌握了 HTML 标签的基本用法和常见的网页元素结构。

**思考题**

1. 网络爬虫的基本原理是什么？它如何工作？

2. 为什么在进行网页爬取时需要考虑伦理和法律问题？举例说明可能出现的问题。

3. HTML 语言的作用是什么？为什么它在构建网页中如此重要？

4. 什么是 HTML 标签？举例说明不同类型的 HTML 标签及其用途。

5. 为什么学习 HTML 对于进行网络爬虫非常重要？

**练习题**

1. 编写一个简单的 HTML 页面，包含标题、段落和一个超链接，链接到一个外部网页。

2. 解释<ul>和<ol>标签的区别，分别创建一个无序列表和一个有序列表。

3. 创建一个包含图像的 HTML 页面，插入一张图片并设置图片的宽度和高度。

4. 在一个 HTML 页面中，使用<div>和<span>元素将文本分成两个区域，并分别为它们设置不同的样式。

5. 创建一个包含表格的 HTML 页面，表格中至少包含两行两列，并为表格添加边框。

# 第7章　静态网页抓取

在现代信息时代，大量的数据隐藏在网页的源代码之中，而如何高效地获取并解析这些数据，成为了信息检索与数据分析的关键一步。在本章中，我们将探讨如何使用网络爬虫来抓取静态网页内容。具体将学习如何请求网页、解析网页内容、使用不同的解析工具以及将抓取的数据存入本地。

## 7.1　请求网页

静态网页是指在用户请求访问时，其内容保持不变，不受用户的交互或其他动态因素影响的网页。静态网页通常由 HTML、CSS 和一些简单的 JavaScript 代码构成。HTML 负责定义网页的结构和内容，CSS 则用于控制网页的样式和布局，而 JavaScript 可以用于一些基本的交互和动画效果。静态网页的内容在服务器上预先生成，每当用户访问时，服务器直接将预先生成的内容发送给用户的浏览器，无需进行额外的数据处理或计算。因此，静态网页的呈现速度通常较快，对服务器资源的需求也相对较低。

在网页爬取过程中，我们需要从目标网站获取数据。这就需要发送 HTTP 请求并获取服务器响应，而 Python 的 requests 库是一个强大而常用的工具，可以用于执行 HTTP 请求。本节将重点介绍 requests 库的用法，以及如何发送 GET 和 POST 请求来获取静态网页内容。

### 7.1.1 查看网页源代码

在开始网络爬取之前，了解目标网页的源代码是很有帮助的。网页源代码包含了页面的 HTML 结构、CSS 样式以及可能包含的 JavaScript 代码。查看网页源代码有助于分析页面结构，确定需要抓取的数据在哪里，以及构建相应的爬取策略。在大多数现代浏览器中，可以通过在页面中的任何位置单击右键，然后选择"查看页面源代码"或类似选项来查看网页源代码。这将打开一个新的标签页，其中显示了网页的原始 HTML 代码。

定位和查找元素是在进行网页抓取和数据提取时至关重要的一步。在现代浏览器中，开发者工具是一个功能强大的工具，用于分析、调试和修改网页。通过开发者工具，你可以查看网页的各个元素、样式、网络请求等。以下是一些常用的步骤，可以帮助你在开发者工具中定位和查找元素：

（1）打开开发者工具。在大多数浏览器中，可以通过点击右键查看网页上的任何元素，然后选择"检查"或"检查元素"来打开开发者工具。

（2）查看元素结构。一旦开发者工具被打开，可以看到一个分为多个面板的界面。"Elements"（元素）面板通常用于查看和编辑网页的 HTML 结构。在这里，可以看到网页中的所有元素以及它们的嵌套关系。

（3）鼠标悬停。将鼠标悬停在元素上，开发者工具会在网页中突出显示该元素，帮助你快速找到所需的部分。

（4）选择元素。在"Elements"面板中，可以点击鼠标右键并选择"Inspect"（检查）来定位元素。点击后，对应的 HTML 代码会在开发者工具中高亮显示。

（5）编辑属性。在开发者工具中编辑元素的属性，如文本内容、样式、类名等。这在调试和查找数据时非常有用。

（6）Console（控制台）面板。面板可用于执行 JavaScript 代码，有时可以帮助你更精确地定位和修改元素。

通过掌握开发者工具的使用，我们可以更轻松地了解网页的结构，找到需要抓取的数据所在的元素，并使用这些知识来编写精确的爬虫代码。在后续章节中，我们将探讨如何利用 Python 库来实现这些操作，从而有效地抓取和提取数据。

### 7.1.2  获取网页源代码

requests 库提供了简单而强大的方式来获取网页的源代码。以下是使用 requests 库发送 GET 请求获取网页源代码的详细介绍：

（1）安装 requests 库。如果还没有安装 requests 库，可以使用以下命令在命令行或终端中安装它：

```
pip install requests
```

（2）导入 requests 库。在 Python 脚本中，首先需要导入 requests 库：

```
import requests
```

（3）发送 GET 请求。使用 requests.get( ) 函数来发送 GET 请求。这个函数接受一个 URL 作为参数，并返回一个 Response 对象，其中包含服务器的响应数据。代码如下：

```
url = "https://example.com "    # 替换成你要访问的网页的 URL
response = requests.get( url)
```

（4）获取网页源代码。从 Response 对象中，可以通过 .text 属性获取网页的源代码。代码如下：

```
webpage_source = response.text
```

（5）处理响应。在实际应用中，应该对响应进行适当的错误处理，以防止由网络问题或其他原因导致的异常。可以使用 response.status_code 来检查响应状态码，通常状态码为 200 表示请求成功。代码如下：

```
if response.status_code = = 200：
    print( "Request successful! ")
    webpage_source = response.text
else：
    print( f "Request failed with status code：{ response. status_code} ")
```

通过以上步骤，我们可以使用 requests 库轻松地发送 GET 请求并获取目标网页的源代码。接下来，对网页源代码进行解析和提取所需的数据，从而实现网页抓取的目标。在后续章节中，我们将继续学习如何利用不同的库和方法来处理网页数据。

### 7.1.3　构建请求头

在上一小节中，我们学习了使用 requests 库发送简单请求，但是有时目标网站可能会检测到不正常的流量，如爬虫行为，从而限制或阻止访问。为了模拟正常的浏览器请求，我们可以构建自定义的请求头。请求头包含了与请求相关的一些信息，如 User-Agent、Accept、Referer 等，它们告诉服务器请求的来源和期望的响应内容格式。服务器有时会根据请求头的内容来判断请求是否合法，因此，在进行网页抓取时，构建正确的请求头（headers）是非常重要的。以下代码示例展示了如何设置请求头以及发送 GET 请求：

```python
import requests
# 自定义请求头
headers = {
        'User-Agent':'Mozilla/5.0(Windows NT 10.0;Win64;x64)AppleWebKit/537.36(KHTML,like Gecko)Chrome/58.0.3029.110 Safari/537.3'}
# 发送带有自定义请求头的 GET 请求
response = requests.get('https://www.example.com',headers=headers)
# 打印网页源代码
print(response.text)
```

在上述示例中，我们通过设置 headers 字典来构建请求头，其中包含了 User-Agent 字段，模拟了一个 Chrome 浏览器的请求，这里的关键是正确构造 headers。那么，headers 中的内容怎么获取呢？

在开发者工具中查看网页的请求头信息是一种有用的技巧，可以帮助我们了解网页的请求和响应过程，以及获取正确的请求头信息。以下是通过浏览器开发者工具查看请求头信息的步骤：

（1）打开开发者工具。在浏览器中打开查看的网页。然后，使用以下方式之一打开开发者工具：

在大多数浏览器中，按下 F12 键或 Ctrl+Shift+I（或 Cmd+Option+I，此快捷键针对 Mac）。

通过点击右键查看网页中的任何元素，并选择"检查"或"检查元素"。

（2）切换到 Network（网络）面板。在开发者工具中，切换到"Network"（或"网络"）面板。这个面板显示了浏览器与服务器之间的所有网络请求和响应。

（3）刷新网页。在"Network"面板中，点击浏览器的刷新按钮，或者通过按下 F5 键刷新网页。

（4）查看请求头。在"Network"面板中，会看到所有的请求和响应。找到感兴趣的请求（通常是目标网页的主要请求），点击它以展开详细信息。以百度首页为例，首先打开开发者工具，点击顶部"Network"选项；其次刷新网页，此时就会在"Name"列表下的顶部看到百度网址"www.baidu.com"，点击该网址，就会看到如图 7-1 所示的 Headers 信息。

图 7-1　Headers 信息

（5）查看请求头信息。在请求的详细信息中，可以看到 Headers（头部）选项。点击它以查看发送到服务器的请求头信息，包括 User-Agent、Accept、Referer 等。推动滚动条到页面底部，可以看到 User-Agent 等信息。具体如图 7-2 所示。

通过这些步骤，可以在浏览器开发者工具中查看网页的请求头信息。这些信息可以帮助我们了解网页与服务器的交互，以及正确设置请求头以进行网页抓取。在实际爬虫开发中，模拟合适的请求头非常重要，以便与服务器正常通信并避免被识别为恶意爬虫。

图 7-2　查看请求头信息

### 7.1.4　使用 Cookies

在网页抓取过程中，有时候需要使用 Cookies 来模拟登录状态、保持会话、跟踪用户活动等。Cookies 是服务器在浏览器中存储的小型文本文件，用于存储有关用户和网站交互的信息。通过使用 Cookies，服务器可以将某些信息存储在浏览器中，以便在用户访问同一网站时进行识别和处理。

什么是 Cookies 呢？

通俗地讲，我们访问网站就像进入一家商店一样，有时候会被给予一个小小的标签，上面写着一些信息，例如，我们的名字或我们在商店中的购买历史。这个标签就是网站在我们的浏览器里放置的一小块数据，叫作 Cookies（即"饼干"）。

Cookies 就像是一个小记事本，帮助网站记住我们的一些偏好和行为，以便在我们下次访问时提供更好的体验。比如，当我们登录一个网站时，网站会将一个特殊的 Cookie 放在我们的浏览器中，以便知道我们已经登录了。这样，当我们浏览不同页面或回到网站时，它就可以认出我们，并保持我们的登录状态，不需要我们每次都重新登录。

除了登录状态，Cookies 还可以用于跟踪我们在网站上的活动，如我们在购物网站上放入购物车的商品。这使网站可以记住我们感兴趣的内容，为我们提供个性化的建议。

需要注意的是，Cookies 只存储一些小型文本信息，通常不会包含敏感数据。它们有助于改善我们的用户体验，但有时也引发隐私和安全问题，因此在使用时我们需要谨慎。

Cookies 的作用有：①用户识别和状态管理。Cookies 用于识别用户，并在他们访问网站时维护他们的登录状态。这对于需要用户登录才能访问的网站或应用程序尤其重要。②会话保持。在某些网站上，如购物网站，Cookies 可用于保存用户的购物车内容，确保用户在浏览不同页面时不会丢失已选择的商品。③用户跟踪。某些网站和广告公司使用 Cookies 来跟踪用户的浏览活动，以便定制广告内容或分析用户行为。

如何使用 Cookies 呢？

在 requests 库中，我们可以通过传递一个 cookies 参数来设置 Cookies，以便模拟登录状态或传递其他与会话相关的信息。以下是如何使用 Cookies 的简要示例：

```
import requests
# 登录获取 Cookies
login_url = "https://example.com/login" # 可以选择你感兴趣的网站登录网址,比如京东等。
login_data = {
    "username" : "my_username",
    "password" : "my_password"
}
login_response = requests.post(login_url,data = login_data)
cookies = login_response.cookies    # 获取登录后的 Cookies
# 使用 Cookies 请求需要登录的页面
profile_url = "https://example.com/profile"
profile_response = requests.get(profile_url,cookies = cookies)
# 解析页面内容
profile_data = profile_response.text
print(profile_data)
```

在这个案例中，Cookies 的作用是模拟用户的登录状态，以便访问需要登录的页面。具体来说，我们进行了以下三个操作：

（1）登录获取 Cookies。我们模拟用户在登录页面进行了登录操作，发送了一个 POST 请求，其中包含用户名和密码。服务器验证这些凭据，如果凭据有效，服务器会返回一个响应，其中包含一些 Cookies，这些 Cookies 代表了用户的会话标识。

（2）使用 Cookies 请求需要登录的页面。我们获取了登录后的 Cookies，然后在后续的请求中将这些 Cookies 添加到了请求头中。在访问需要登录的页面时，服务器会检查请求头中的 Cookies，如果包含了有效的会话标识，服务器就会知道我们是一个已登录的用户，从而转至我们请求的页面。

（3）解析页面内容。我们使用 requests.get( ) 方法发送了一个带有登录后的 Cookies 的 GET 请求，访问了用户个人资料页面。然后，我们将页面的内容保存在 profile_ data 变量中，可以对页面内容进行解析和处理。

总之，Cookies 在这个案例中的作用是在模拟用户登录状态的基础上，让我们能够访问需要登录的页面。通过正确设置 Cookies，我们可以绕过网站的登录验证，获取到用户个人资料页面的内容，实现登录后的网页抓取。

不过，上述发送 POST 请求的方法可能存在问题。因为许多网站为防止恶意登录设置了验证码，仅输入账号、密码，我们可能还是不能登录网站。一个替代的办法是，在发送请求之前，我们手动登录网站，然后利用开发者工具，找到相应的 Cookies，手动复制，再将 Cookies 写到 GET 请求中去。这在某些情况下可以解决验证码等自动登录难题，但仍然需要注意隐私和网站规则。

以下是使用开发者工具手动获取 Cookies 并将其添加到请求中的步骤：

第一步，手动登录网站：使用浏览器手动登录目标网站，并确保已通过所有可能的验证步骤，包括验证码。

第二步，打开开发者工具：在已登录的状态下，按下 F12 键或使用浏览器菜单打开开发者工具。

第三步，切换到"Network"（网络）面板：在开发者工具中，切换到"Network"（网络）面板，然后刷新页面。

第四步，找到登录请求：在"Network"面板中，找到登录时发送的请求，通常在请求列表的顶部。点击它以展开详细信息。比如，使用账户登录豆瓣电影，就可以看到如图 7-3 所示的页面。

图 7-3　登录豆瓣电影的界面

第五步，查看请求头：在请求的详细信息中，找到"Request Headers"（请求头部）选项。在这里，可以找到一个叫作"Cookie"（或"Cookies"）的字段，其中包含了登录后的 Cookies 信息。为保护隐私，图 7-3 隐藏了部分内容。

第六步，复制 Cookies：复制 Cookies 字段中的内容，这是一串文本，其中包含了登录后的会话信息。注意，手动复制，确保复制后的内容没有中文，否则后续发送请求将报错。

第七步，在代码中使用 Cookies：将复制的 Cookies 内容添加到 Python 代码中，作为请求的 Cookies 参数。代码如下：

```
import requests
headers = {
    'Cookie ':'Your cookies ',# 在此处填写复制的 cookies
    'User-Agent ':'Mozilla/5.0( Windows NT 10.0;Win64;x64) AppleWebKit/
537.36( KHTML,like Gecko) Chrome/115.0.0.0Safari/537.36 '
}
response = requests.get( 'https://movie.douban.com/',headers = headers)
```

在发送请求的时候，也可以将 Cookies 从 headers 中移出来，并转化为字典，作为单独的 requests 参数发送请求。这种方法稍显复杂，形式如下：

```
import requests
url = "https://example.com "
cookies = {
    "cookie_name ":"cookie_value ",    # 替换为实际的 Cookies 内容
}
headers = {
    'User-Agent ':'Mozilla/5.0( Windows NT 10.0;Win64;x64) AppleWebKit/
537.36( KHTML,like Gecko) Chrome/115.0.0.0Safari/537.36 '
}
response = requests.get ( 'https://movie.douban.com/', cookies = cookies, head-
ers = headers )
```

请注意，手动复制和使用 Cookies 的方法可以解决部分自动登录问题，但仍然可能受到一些限制，如时间过期、会话过期等。此外，这种方法可能违反了一些网站的使用条款，因此请务必在遵守网站规则的前提下使用。在实际应用中，如果网站要求验证码，最好的方法可能是与网站的 API 或开发团队合作，以获得更可靠的解决方案。

## 7.2 数据解析与提取

在网页抓取过程中，获取到网页的源代码后，通常需要从中提取有用的数据。数据解析与提取是网页爬虫的核心任务之一，它涉及从 HTML 源代码中定位、提取和处理特定的信息。在本节中，我们将学习两种常用的数据解析方法：使用 BeautifulSoup 库和使用正则表达式。

### 7.2.1 使用 BeautifulSoup 解析网页

BeautifulSoup 是一个 Python 库，专门用于解析 HTML 和 XML 文档，它提供了简单的方法来遍历文档树、查找特定标签以及提取标签内的内容。在这一节中，我们将学习如何使用 BeautifulSoup 来解析网页。

### 7.2.1.1　安装与导入 BeautifulSoup

首先，我们需要安装 BeautifulSoup 库。如果尚未安装，可以使用以下命令进行安装：

```
pip install beautifulsoup4
```

其次，需要在 Python 代码中导入 BeautifulSoup，指令如下：

```
from bs4 import BeautifulSoup
```

### 7.2.1.2　创建 BeautifulSoup 对象

开始解析网页之前，我们需要将网页内容传递给 BeautifulSoup，从而创建一个 BeautifulSoup 对象。可以将 HTTP 响应的文本内容传递给 BeautifulSoup 的构造函数：

```
# 假设 response 为已经获取的 HTTP 响应对象
soup = BeautifulSoup(response.text, 'html.parser')
```

请注意，默认情况下 BeautifulSoup 将使用 Python 标准库的 html.parser 解析器。解析器（Parser）是一种用于解析（解读、分析）结构化文本数据的工具或程序，它能够将复杂的文本数据按照一定的语法规则进行解析，将其转化为计算机可以理解和处理的数据结构。

不同的解析器具有不同的特点和适用场景。以下是一些常见的解析器以及它们的简要介绍：

（1）html.parser。Python 标准库中的 HTML 解析器，它可对大部分 HTML 文档进行解析。它的解析速度适中，但在某些复杂的 HTML 结构下可能会出现问题。

（2）lxml。lxml 是一个高性能的解析器，它使用 C 语言编写，具有很好的性能和稳定性。它有两种不同的解析器可供选择：lxml.html 和 lxml.etree。lxml. html 适用于解析 HTML 文档，lxml.etree 适用于解析 XML 文档。

（3）html5lib。这个解析器完全遵循 HTML5 规范，能够处理各种 HTML 文档，即使结构不规范也能正确解析。然而，它的解析速度较慢，适用于处理较小的文档。

根据需求和文档特点，选择适当的解析器非常重要。通常情况下，lxml 是一个不错的选择，因为它性能较好并支持 XPath 表达式，但在某些情况下，html5lib 可能更适合处理复杂的 HTML 文档。

### 7.2.1.3　遍历文档树

遍历文档树是指在 BeautifulSoup 中沿着文档的层次结构逐级查找、访问和处理标签、属性和文本内容。通过遍历文档树，我们可以提取出我们感兴趣的信息。

### 7.2.1.4　直接定位

我们首先介绍各种常用查找元素的方法，其次举例说明。以下是一些常用的遍历文档树的方法：

（1）查找标签。使用 .find( )方法来查找特定的标签。例如，要找到第一个<p>标签，可以使用以下代码：

```
p_tag = soup.find('p')
```

（2）查找所有特定标签。使用 .find_all( )方法来查找所有特定的标签。例如，要找到所有的<a>标签,可以使用以下代码：

```
a_tags = soup.find_all('a')
```

（3）找到特定标签下的第 n 个内容。如果要在特定标签下找到第 n 个内容，可以通过对标签使用 .find_all( )方法，然后按照索引来访问。

```
# 假设我们要找到第一个<ul>标签下的第三个<li>标签内容
ul_tag = soup.find('ul')
li_tags = ul_tag.find_all('li')[2].text
```

（4）查找特定属性的标签。使用 .find_all( )方法的 attrs 参数来查找具有特定属性的标签。例如，要找到所有 class 属性为 my-class 的<div>标签，可以使用以下代码：

```
div_tags_with_class = soup.find_all('div', attrs = {'class':'my-class'})
```

（5）获取属性值。使用标签对象的索引或 get( )方法来获取标签的属性值。例如，要获取第一个<a>标签的 href 属性值，可以使用以下代码：

```
first_a_tag = soup.find('a')
href_value = first_a_tag['href']
# 或者使用 get 方法
href_value = first_a_tag.get('href')
```

（6）获取文本内容。使用 .text 属性来获取标签内的文本内容。例如，要获取第一个&lt;p&gt;标签内的文本内容，可以使用以下代码：

```
first_p_tag = soup.find('p')
text_content = first_p_tag.text
```

通过使用这些方法，你可以在文档树中遍历和定位特定的标签、属性和文本内容，从而有效地提取所需的信息。这是从网页中获取数据的关键步骤之一。

接下来，我们建立一个简单的 HTML 文档，结合不同的遍历方法来掌握如何找到元素。代码如下：

```
<! DOCTYPE html>
<html>
<head>
    <title>Sample HTML Document</title>
</head>
<body>
    <h1>Welcome to Our Website</h1>
    <p>This is a paragraph of text.</p>
    <ul>
        <li><a href="https://example. com/page1">Page 1</a></li>
        <li><a href="https://example. com/page2">Page 2</a></li>
        <li><a href="https://example. com/page3">Page 3</a></li>
    </ul>
    <div class="section" id="my-id">
        <h2>Section Title</h2>
        <p>This is another paragraph of text.</p>
    </div>
    <footer>
        <p>&copy; 2023 Sample Website</p>
    </footer>
```

```
</body>
</html>
```

使用上述 HTML 文档，我们可以在软件中执行如下操作，即使用上述方法找到特定元素及其内容，代码如下：

```
from bs4 import BeautifulSoup
# 将上述 HTML 文档作为字符串传递给 BeautifulSoup 对象
html_doc = """
<! DOCTYPE html>
<! --...（上述 HTML 代码）...-->
</html>
"""
soup = BeautifulSoup( html_doc, 'html. parser ')
# 查找特定标签和属性
first_paragraph = soup.find( 'p ')# 找到的是第一个 P 标签
section_title = soup.find( 'h2 ')
first_link = soup.find( 'a ', href = "https://example. com/page1 ")
# 获取标签的文本内容和属性值
paragraph_text = first_paragraph.text
title_text = section_title.text
link_href = first_link[ 'href ']
print( "First Paragraph Text: ", paragraph_text)
# 结果为："First Paragraph Text: This is a paragraph of text."
print( "Section Title: ", title_text)
# 结果为："Section Title: Section Title"
print( "First Link Href: ", link_href)
# 结果为："First Link Href: https://example.com/page1"
```

当我们使用 BeautifulSoup 解析 HTML 文档时，除了直接查找和定位元素，我们还可以通过元素的邻居或子孙节点来间接找到元素。这些方法使我们能够更加灵活地在文档树中进行导航和定位。

### 7.2.1.5　间接定位

通过邻居或子孙节点找到元素，常见方法如下：

（1）.next_sibling：找到下一个兄弟标签。

（2）.previous_sibling：找到上一个兄弟标签。

（3）.next_siblings：找到后面的所有兄弟标签。

（4）.previous_siblings：找到前面的所有兄弟标签。

（5）.parent：找到父节点。

（6）.children：找到所有直接子节点。

（7）.descendants：找到所有子孙节点。

我们仍然使用上文的 HTML 文档，尝试通过邻居或子孙节点来查找元素。代码如下：

```
# 使用各种方法进行导航和定位
h1_tag = soup.h1
p_tag = soup.p
ul_tag = soup.ul
# 使用 .next_sibling 找到下一个兄弟标签
next_sibling = p_tag.next_sibling
print(".next_sibling:",repr(next_sibling))    # 打印结果:'. next_sibling:'\n ''
# 使用 . previous_sibling 找到上一个兄弟标签
previous_sibling = ul_tag.previous_sibling
print(".previous_sibling:", repr(previous_sibling))    # 打印结果:'.previous_
sibling:'\n ''
# 使用 .next_siblings 找到后面的所有兄弟标签
next_siblings = ul_tag.next_siblings
print(". next_siblings:")
for sibling in next_siblings:
    print(repr(sibling))
# 打印结果:
# '. next_siblings:'
# '\n '
```

```
# <div class = "section ">
# <h2>Section Title</h2>
# <p>This is another paragraph of text.</p>
# </div>
# '\n '
# <footer>
# <p>&copy;2023 Sample Website</p>
# </footer>
# '\n '
# 使用.parent 找到父节点
parent_div = p_tag.parent
print( ". parent:", parent_div.name)    # 打印结果:'. parent:div '
```

通过这些邻居和子孙节点，我们可以更加自由地在文档中导航和定位元素。这有助于从 HTML 文档中提取所需的信息，使我们的网页抓取任务变得更加灵活和高效。

### 7.2.1.6  CSS 选择器

当我们需要在 HTML 文档中选择和定位特定的元素时，我们可以借助 CSS 选择器来实现。CSS 选择器是一种基于 CSS（层叠样式表）语法的模式，用于匹配 HTML 元素的样式或属性。在 BeautifulSoup 中，我们可以使用 CSS 选择器来查找和定位元素，从而更加精确地进行数据提取和解析。

让我们以刚才的 HTML 源码为例，结合每个示例提供完整的代码来演示 CSS 选择器的使用。以下是一些常用的 CSS 选择器及其示例：

（1）元素选择器。要选择所有<p>元素，可以使用以下代码：

```
paragraphs = soup.select( 'p ')
```

（2）类选择器。如果我们想选择类名为 section 的<div>元素，可以使用以下代码：

```
section_div = soup.select( '.section ')
```

（3）ID 选择器。要选择 ID 为 my-id 的元素，可以使用以下代码：

my_id_element = soup.select('# my-id ')# 注意特俗符号'# ' 表示 ID

（4）属性选择器。如果我们要选择所有具有 href 属性的<a>元素，可以使用以下代码：

anchor_elements = soup.select('a[ href]')

（5）属性值选择器。若要选择 href 属性值为 https：//example.com 的<a>元素，可以使用以下代码：

specific_anchor = soup.select('a[ href = "https://example.com "]')

（6）子元素选择器。要选择所有<ul>元素下的直接子元素<li>，可以使用以下代码：

ul_tag = soup.ul
list_items = ul_tag.select('li ')

（7）后代元素选择器。要选择所有<div>下的所有<p>元素，可以使用以下代码：

descendant_paragraphs = div_section.select('p ')

（8）Select_one。使用 select_one()方法获取第一个匹配元素

first_paragraph = soup.select_one('p ')

以上是一些常用的 CSS 选择器定位元素的方法。CSS 选择器为我们的网络爬虫和数据分析任务提供了强大的工具，使我们能够更有效地处理网页内容。

需要注意的是，在 BeautifulSoup 中，select_one() 和 select() 都是用于根据 CSS 选择器选择元素的方法，但它们在返回结果上有一些不同之处。

select_ one () 方法：这个方法用于选择并返回满足 CSS 选择器的第一个匹配元素。如果找不到匹配的元素，它将返回 None。这个方法适用于当你只想获取第一个匹配元素时。

select () 方法：这个方法用于选择并返回所有满足 CSS 选择器的匹配元素，将它们以列表的形式返回。如果没有找到匹配的元素，它将返回一个空列表 []。这个方法适用于当你想获取所有匹配元素时。

总之，通过使用这些方法，我们可以更全面地了解 HTML 文档的结构，以及

在文档中进行导航和定位。这些方法可以帮助我们更灵活地提取和处理所需的信息。

### 7.2.2 使用正则表达式解析网页

在网页解析过程中，除使用 BeautifulSoup 等库外，正则表达式也是一种强大的工具，可以帮助我们从文本中提取出特定的信息。正则表达式是一种模式匹配的工具，通过定义一系列字符和操作符，我们可以用它来搜索、匹配和操作文本。

#### 7.2.2.1 正则表达式的基本用法

在 Python 中，使用 re 模块来使用正则表达式功能。以下是一些常用的正则表达式方法：

（1）re.match(pattern，string)：从字符串开头开始匹配，如果匹配成功，返回匹配对象，否则返回 None。

（2）re.search(pattern，string)：在整个字符串中搜索匹配，返回第一个匹配对象，如果没有匹配则返回 None。

（3）re.findall(pattern，string)：返回所有匹配的列表。

#### 7.2.2.2 正则表达式基本规则

正则表达式由普通字符（如字母、数字）和特殊字符（元字符）构成。以下是一些常用的正则表达式元字符：

. ：匹配任意字符（换行符除外）。

\* ：匹配前一个字符零次或多次。

+ ：匹配前一个字符一次或多次。

? ：匹配前一个字符零次或一次。

^ ：匹配字符串开头。

$ ：匹配字符串结尾。

[ ]：字符集，匹配其中的任意一个字符。

( )：分组，可以对表达式进行分组。

\ ：转义字符，用于匹配特殊字符。

\ d：匹配数字。

#### 7.2.2.3 贪婪匹配与非贪婪匹配

正则表达式中的量词默认是贪婪的，即它们会尽可能多地匹配字符。但有时我们需要非贪婪匹配，即匹配尽可能少的字符。在量词后面添加"?"即可实现非贪婪匹配。例如：

*?：匹配前一个字符零次或多次，尽可能少地匹配。

+?：匹配前一个字符一次或多次，尽可能少地匹配。

??：匹配前一个字符零次或一次，尽可能少地匹配。

假设我们有以下 HTML 代码，要从中提取出所有的链接文字和链接地址：

\<p>This is a \<a href="https://example.com/page1">link123\</a>to Page 1.\</p>

\<p>And here is another \<a href="https://example.com/page2">link456\</a> to Page 2.\</p>

\<p>One more \<a href="https://example.com/page3">link789\</a> to Page 3.\</p>

以下是使用正则表达式来提取链接文字和链接地址的示例代码：

```
import re
html = """<p>This is a <a href="https://example. com/page1">link123</a>
to Page 1.</p>
<p>And here is another <a href="https://example. com/page2">link456</a>
to Page 2.</p>
<p>One more <a href="https://example.com/page3">link789</a> to Page 3.
</p>"""
# 使用正则表达式提取包含数字的链接文字和链接地址
link_pattern=r'<a href="(. * ?)">. * ? (\d+). * ? </a>'
links=re.findall(link_pattern,html)
print(links) # 结果是一个列表,即[('https://example.com/page1','123'),
('https://example.com/page2','456'),('https://example. com/page3','789')]
for link in links:
    link_href=link[0]# 提取链接的地址部分
    link_number=link[1]# 提取链接文本中的数字部分
    print("Link Number:",link_number)
    print("Link Href:",link_href)
```

这个示例演示了如何使用正则表达式来从 HTML 文本中提取出链接的文字和地址。对初学者来说，可能难以理解这个示例的匹配模式 link_pattern，下面让我们分解这个模式：

（1） <a href="。匹配<a href="字符串，表示链接标签的开始。

（2）（.*?）。这是一个捕获组，用于匹配链接的地址部分。".*?"表示匹配任意字符（除了换行符）零次或多次，而"?"在这里表示非贪婪匹配，即尽可能少地匹配字符，以便匹配到链接的地址。

（3）">。匹配">字符串，表示链接地址结束，链接文本部分开始。

（4）.*?。再次使用非贪婪匹配匹配链接文本之前的任意字符。

（5）（\d+）。这是另一个捕获组，用于匹配数字。\d+表示匹配一个或多个数字。

（6）.*?。同样使用非贪婪匹配匹配链接文本之后的任意字符。

（7）</a>。匹配</a>字符串，表示链接标签的结束。

综合起来，这个正则表达式模式可以匹配链接标签，并从中提取链接的地址和链接文本中的数字部分。使用正则表达式，可以更灵活地进行文本的匹配和提取，适用于一些特定的解析需求。

#### 7.2.2.4　正则表达式的优势与不足

正则表达式是一种强大的工具，可以用于模式匹配、搜索和替换文本。它在文本处理和解析中具有一些优势，同时也有一些不足之处。

优势如下：

强大的模式匹配：正则表达式能够非常精确地描述所需的模式，从而准确地匹配和提取出需要的文本。

灵活性：正则表达式允许你使用不同的元字符和特殊字符来创建各种模式，以适应不同的匹配需求。

高效的搜索和替换：对于大量文本数据，正则表达式能够高效地执行搜索和替换操作，比手动处理更快捷。

适用范围广：正则表达式在多种编程语言和文本编辑工具中都有广泛的应用，因此具备跨平台的能力。

不足如下：

复杂性：正则表达式的语法可能相对复杂，需要一定的学习和实践才能熟练掌握。

可读性差：对于复杂的正则表达式，其模式可能难以阅读和理解，导致代码可读性降低。

性能问题：在处理大量文本时，某些复杂的正则表达式可能会导致性能问题，因为匹配过程可能需要较长的时间。

不适用于所有场景：正则表达式在一些复杂的文本解析和处理场景中可能无法胜任，因为它不具备完整的上下文分析能力。

易错性：编写复杂的正则表达式时容易出现错误，而且排查问题可能会比较困难。

综上所述，正则表达式是一种强大的工具，但需要根据实际情况权衡其优势和不足。在某些简单的文本处理场景中，正则表达式能够高效地完成任务，而在一些复杂的情况下，可能需要考虑其他更合适的文本处理方法。

# 7.3　将数据存入本地

一旦我们从网页中抓取到数据，就需要将其存储在本地文件中，以备将来使用。在本节中，我们将学习如何将抓取到的数据存储为文本文件、CSV 文件或其他常见的数据格式。

## 7.3.1　存储数据到 txt 文件

在将数据存储到文本文件时，我们可以使用 Python 内置的文件操作功能。其中，with open( )as f 语句是一种常用的打开和关闭文件的方式，它能够确保文件在操作结束后自动关闭，从而避免资源泄露。

使用 with open( )as f 语句时，需要注意以下几点：

文件路径和名称：在 open( ) 函数中，传入要打开的文件路径和名称。确保文件路径正确，以便成功找到或创建文件。

文件模式：可以通过第二个参数指定打开文件的模式。常见的模式包括'r '（只读模式）、'w '（写入模式）、'a '（追加模式）、'rb '（以二进制读取模式）等。在写入模式下，如果文件不存在，会创建一个新的文件；如果文件已存在，会清空文件内容。

文件操作完成后自动关闭：使用 with 语句打开文件后，在代码快结束时，文件会自动关闭。这样可以确保文件在操作完成后被正确关闭，避免文件句柄泄露。

以下是存储数据到文本文件的常用方法：

使用 with open( )as f 语句：这个语句可以在文件操作结束后自动关闭文件，确保操作安全。open( )函数还可以接受一个模式参数，用来指定打开文件的模式。

使用 write( )方法：write( )方法可以将字符串写入文件。可以逐次写入内容，也可以一次写入多行。

使用 writelines( )方法：writelines( )方法可以将多行文本写入文件，逐行写入一个字符串列表。

以下是具体的用法示例：

```python
# 使用 with open( )as f 打开文件,以写入('w ')模式
with open('example.txt ','w ')as f:
    f.write("Hello,World! \n ")
    f.write("This is a new line. \n ")
    f.write("This is another line.\n ")
# 使用 writelines( )方法写入多行内容
data_list=["Line1\n ","Line2\n ","Line3\n "]
with open('multiline_example. txt ','w ')as f:
    f. writelines(data_list)
# 使用 write( )方法写入整数和浮点数
number=42
with open('numbers. txt ','w ')as f:
    f.write(str(number))    # 转换为字符串再写入
# 写入列表中的内容
fruits=["Apple ","Banana ","Orange "]
with open('fruits.txt ','w ')as f:
    for fruit in fruits:
        f.write(fruit+'\n ')
# 写入字典的内容
student_info={
    "name ":"Alice ",
```

```
        "age ":25,
        "grade ":"A "
    }
with open( 'student_info.txt ','w ')as f:
    for key ,value in student_info.items( ):
        f.write(f "{key} :{value} \n ")
```

如果要将列表作为一行写入文件，我们可以使用字符串的 join( )方法将列表中的元素连接成一个字符串，然后写入文件。以下是将列表作为一行写入的示例代码：

```
fruits =[ "Apple ","Banana ","Orange "]
# 使用 join( )方法将列表元素连接成一个字符串
fruits_line =','. join( fruits )
# 打开文件并写入一行
with open( 'fruits_line.txt ','w ')as f:
    f. write( fruits_line )
```

在这个示例中，将列表中的元素连接起来形成一个字符串，然后使用 write（）方法将这个字符串写入文件。结果会在文件中形成一行，内容为"Apple，Banana，Orange"。

### 7.3.2　存储数据到 CSV 文件

除了存储数据到文本文件（txt），我们还可以将数据存储为其他格式，如 CSV（逗号分隔值）文件。CSV 文件是一种常用的表格数据存储格式，适用于存储表格、数据集等结构化数据。

在 Python 中，可以使用 csv 模块来处理 CSV 文件。该模块提供了读取和写入 CSV 文件的功能。

以下是将数据存储到 CSV 文件的方法：

写入 CSV 文件：使用 csv. writer 对象可以写入 CSV 文件。需要打开 CSV 文件并创建一个 csv. writer 对象，然后使用 writerow( )方法逐行写入数据。

以下是具体的用法示例：

```
import csv
# 示例数据
data = [
    ["Name ","Age ","Country "],
    ["Alice ",25,"USA "],
    ["Bob ",30,"Canada "],
    ["Carol ",22,"UK "]
]
# 将数据写入 CSV 文件
with open('data. csv ','w ',newline ='') as csvfile:
    csvwriter = csv.writer(csvfile)
    for row in data:
        csvwriter.writerow(row)
```

在这个示例中，我们创建了一个 csv.writer 对象，使用 writerow()方法逐行写入数据。newline =''参数用于处理换行符，确保在不同操作系统上都能正确写入文件。

如果数据是字典形式，我们可以使用 csv.DictWriter 对象来写入 CSV 文件。csv. DictWriter 可以根据字典的键来自动匹配列标题。

以下是具体的用法示例：

```
# 示例数据(字典格式)
data_dict = [
    {"Name ":"Alice ","Age ":25,"Country ":"USA "},
    {"Name ":"Bob ","Age ":30,"Country ":"Canada "},
    {"Name ":"Carol ","Age ":22,"Country ":"UK "}
]
# 写入 CSV 文件(字典格式)
fieldnames = ["Name ","Age ","Country "]
with open('data_dict.csv ','w ',newline ='') as csvfile:        csvwriter = csv.DictWriter
(csvfile,fieldnames =fieldnames)
    csvwriter.writeheader()
```

```
for row in data_dict：
        csvwriter.writerow(row)
```

在这个示例中，我们使用了 csv.DictWriter 对象，首先使用 writeheader( )方法写入列标题，其次逐行写入字典数据。

以上两个示例展示了如何将数据存储为 CSV 文件，包括普通数据列表和字典格式的数据。除了 CSV 格式，我们还可以根据需要将数据存储为其他格式，如 JSON、Excel 等。不同的数据格式适用于不同的数据需求和处理工具。

## 7.4　典型案例

在本节，我们将运用之前学到的技术，通过爬取链家网站的二手房房价信息，展示如何将这些技术应用于实际的抓取任务。通过这个案例，将能够更深入地理解如何使用爬虫来收集和处理真实的网页数据。

假设我们希望从链家网站上爬取某个城市的二手房房价信息，包括房源标题、价格以及所在小区等，并将这些数据存储到一个 CSV 文件中。

第一步：请求网页，获得响应。

```
import requests
# 定义 cookies 和 headers
cookies = {
    # your cookies here
}
headers = {
    'User-Agent ':'your-user-agent ',
}
# 发送 HTTP GET 请求获取网页内容
url = "https://gz.lianjia.com/ershoufang/"
response = requests.get(url,cookies=cookies,headers=headers)
```

```
print(response.status_code)    # 打印响应状态码,确保请求成功
response.close()    # 关闭响应对象
```

第二步：解析网页，获取内容。

```
from bs4 import BeautifulSoup
# 解析网页内容
soup = BeautifulSoup(response.text,'lxml')
# 提取房价信息
for con in soup.find_all('div',class_='info clear'):
    title = con.find('div',class_="title").a.text
    loupan = con.find('div',class_='positionInfo').a.text
    address = con.find('div',class_='positionInfo').findAll('a')[1].text
    houseInfo = con.find('div',class_='houseInfo').get_text()
    totalPrice = con.find('div',class_='totalPrice totalPrice2').span.text
    unit = con.find('div',class_='totalPrice totalPrice2').i.next_sibling.next_sib-
ling.text
    unitPrice = con.find('div', class_='totalPrice totalPrice2').next_sib-
ling.text
    unitPrice = unitPrice.replace("元/平方米",'')
    print("Title:",title)
    print("Loupan:",loupan)
    print("Address:",address)
    print("House Info:",houseInfo)
    print("Total Price:",totalPrice)
    print("Unit:",unit)
    print("Unit Price:",unitPrice)
    print()
```

第三步：存储数据到本地。

```
# 提取房价信息并存储到列表中
house_list = [ ]
for con in soup.find_all('div',class_='info clear'):
    # 提取房价信息,与上面代码相同
    # 将房价信息添加到列表中
    house_list.append({
            "Title":title,
            "Loupan":loupan,
            "Address":address,
            "House Info":houseInfo,
            "Total Price":totalPrice,
            "Unit":unit,
            "Unit Price":unitPrice
    })
# 存储数据到本地 CSV 文件
import csv
csv_columns = ["Title","Loupan","Address","House Info","Total Price",
"Unit","Unit Price"]
csv_file = "house_prices.csv"
with open(csv_file,mode='w',encoding='utf-8',newline='') as f:
    writer = csv.DictWriter(f,fieldnames=csv_columns)
    writer.writeheader()
    for house in house_list:
        writer.writerow(house)
```

将以上三个步骤结合起来,即可实现从请求网页、解析内容、提取信息到存储数据的完整过程。最终的综合代码如下:

```
import requests
from bs4 import BeautifulSoup
import csv
# 第一步:请求网页,获得响应
url = "https://gz.lianjia.com/ershoufang/"
response = requests.get(url)
response.close()
# 第二步:解析网页,获取内容
soup = BeautifulSoup(response.text, 'html.parser')
house_list = []
for con in soup.find_all('div', class_='info clear'):
    # 提取房价信息,与上面代码相同
    # ...
    house_list.append({
        "Title": title,
        "Loupan": loupan,
        "Address": address,
        "House Info": houseInfo,
        "Total Price": totalPrice,
        "Unit": unit,
        "Unit Price": unitPrice
    })
    # 第三步: 存储数据到本地
csv_columns = ["Title", "Loupan", "Address", "House Info", "Total Price",
"Unit", "Unit Price"]
csv_file = "house_prices.csv"
with open(csv_file, mode='w', encoding='utf-8', newline='') as f:
    writer = csv.DictWriter(f, fieldnames=csv_columns)
    writer.writeheader()
    for house in house_list:
```

writer.writerow（house）

这样，我们就完成了从爬取链家网站的二手房房价信息到存储数据的完整流程。

# 7.5　本章小结

在本章中，我们学习了爬取和解析静态网页的基本流程和技巧。通过使用Python 的 requests 库发送 HTTP 请求，获取网页响应，并使用解析库如 BeautifulSoup 进行 HTML 解析，能够定位并提取出所需的数据。我们深入了解了 BeautifulSoup 的标签定位、属性查找、CSS 选择器等方法，以及使用正则表达式解析网页的方法，包括 re. match、re. search 和 re. findall 等功能。通过本章的学习，我们掌握了解析静态网页的核心能力，可以为更复杂的网络爬虫任务打下坚实的基础。

**思考题**

1. 如果要爬取大量网页数据，你可能会面临哪些问题？如何通过设置请求头、使用代理 IP 等方式来规避这些问题？

2. 在实际应用中，数据爬取可能会受到网站的反爬措施影响。你可以思考一些常见的反爬措施是什么，以及如何应对这些措施来确保顺利进行爬取。

**练习题**

爬取豆瓣电影 Top250。

任务要求：使用在本章学到的网页爬取技巧，爬取豆瓣电影 Top250 的数据。你需要爬取每部电影的排名、片名、导演、演员、上映年份、评分等信息，并将这些信息存储到一个文本文件或 CSV 文件中。

# 第8章　动态网页爬取

在前面的章节中，我们已经学习了如何使用 Python 和相关的库来爬取静态网页，即那些在加载时不会经常变化内容的网页。然而，随着互联网的发展，许多现代网站采用了动态加载的方式，这意味着页面内容可能会在加载后通过 JavaScript 代码进行修改和更新。这为网络爬虫带来了新的挑战和机遇。在本章中，我们将探讨如何处理动态网页爬取，以及如何应对通过 JavaScript 渲染的内容。具体而言，我们将介绍两种主要的动态网页爬取方法：JavaScript 逆向解析和 Selenium 自动化爬取。通过学习本章内容，你将能够解决动态加载带来的难题，获取那些仅在浏览器渲染时才可见的数据，从而更加全面地掌握网络爬虫技术。

## 8.1　JavaScript 逆向解析方法

### 8.1.1　什么是 JavaScript 逆向解析

JavaScript 逆向解析是一种通过分析网页中的 JavaScript 代码，模拟动态加载数据的过程，进而获取数据的方法。在动态网页中，许多内容是通过 JavaScript 脚本来生成和加载的，传统的静态爬取方法无法直接获取这些内容。JavaScript 逆向解析的核心思想是理解页面加载过程中 JavaScript 的执行逻辑，以及识别出数据请求和处理的关键代码段，从而获得所需数据。

那么，我们看到的网页究竟是静态网页还是动态网页呢？

识别静态与动态网页的方法如下：

（1）查看源代码。通过查看页面源代码，可以初步判断页面是否使用了 JavaScript 进行内容渲染。如果源代码中的内容明显不完整或者所见内容很少，或者包含类似于占位符的标记，那么很可能存在动态加载。

（2）查看开发者工具。现代浏览器提供了开发者工具，可以查看网页加载时的网络请求和元素变化。打开开发者工具的"网络"选项卡，在刷新页面时，如果看到多个异步请求或 XHR（XMLHttpRequest）请求，那么页面可能是动态加载的。

（3）观察是否延迟加载。动态网页通常会采用延迟加载的方式，即页面初始加载时只显示部分内容，其余内容通过滚动或点击等操作才会加载。如果发现页面内容在滚动到可见区域时才加载，那么可能是动态加载。

### 8.1.2　为什么需要 JavaScript 逆向解析

JavaScript 逆向解析在动态网页爬取中具有重要作用，原因如下：

（1）动态加载内容。很多现代网页采用动态加载技术，即在页面加载完成后使用 JavaScript 获取和呈现数据。这些数据不会在初始页面源码中出现，因此无法通过传统的静态爬取方法获取。JavaScript 逆向解析允许我们模拟这个加载过程，从而获取动态加载的内容。

（2）实时更新数据。一些网站提供实时的数据更新，如股票行情、天气预报、即时新闻、微博等。这些数据的更新是通过 JavaScript 动态加载实现的，因此需要使用 JavaScript 逆向解析来获取最新信息。

（3）用户交互。很多网页通过用户的交互行为来触发数据的加载和展示，如下拉刷新、翻页加载等。这些操作会触发 JavaScript 的执行，因此需要使用 JavaScript 逆向解析来模拟用户交互并获取数据。

（4）数据保护。有些网站为了保护数据的安全性，会使用 JavaScript 来渲染和加载敏感信息。这使通过传统爬取方法难以获取数据，而 JavaScript 逆向解析可以绕过这些保护措施，获取所需数据。

（5）数据更新频繁。一些网站的数据更新非常频繁，传统的爬取方法可能会导致大量的请求负担。使用 JavaScript 逆向解析可以针对特定数据加载进行优化，避免不必要的请求。

总而言之，JavaScript 逆向解析在动态网页爬取中的应用可以帮助我们获取动态加载的内容，实现数据的实时更新，模拟用户交互操作，绕过保护措施，并优化数据请求的负担。这使得我们能够更全面、更精确地获取所需的数据。

### 8.1.3 JavaScript 逆向解析实例

在动态网页爬取过程中，需要运用一系列策略和技巧，以模拟浏览器的行为，执行网页中的 JavaScript 代码，从而获取动态加载的数据。为了更具体地说明这一过程，我们以爬取人民邮电出版社热门图书为案例，介绍 JavaScript 逆向解析的核心方法。人民邮电出版社网站展示了热门图书，其中的数据同样是通过 JavaScript 实现的动态加载。以下是具体操作步骤，演示如何借助 Python 进行逆向解析，成功获取这些动态加载的图书信息。

第一步：分析网页和网络请求。

我们需要分析目标网页和相应的网络请求，了解数据加载的方式和相关参数。具体操作如下：

（1）打开浏览器，访问人民邮电出版社热门图书页面：https：//www. pt-press. com. cn/shopping/index。

（2）打开浏览器的开发者工具（通常按下 F12 键或点击右键查看），切换到"Network"（网络）标签页。

（3）刷新网页（按 F5 键），此时"Network"将显示浏览器从网页服务器中得到的所有文件，一般这个过程称为"抓包"。具体如图 8-1 所示。

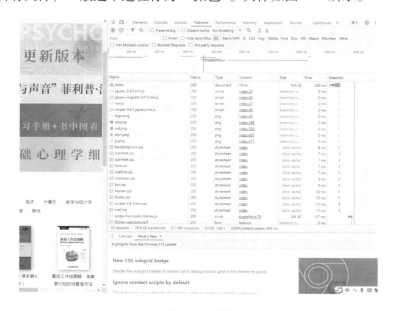

图 8-1　抓包

注意，在浏览器中点击图中列表下的 index 一行，可以发现没有图书相关信息，也就是我们需要的图书信息没有存放在起始网页（https：//www.ptpress.com.cn/shopping/index）里。实际上，通过鼠标右键查看网页源代码，我们也可以发现无法搜索到具体的每一本图书信息，如《心：稻盛和夫的一生嘱托》这本书，这说明该网页可能就是动态网页。

（4）刷新网页后，网页会加载一些初始数据，然后通过 JavaScript 进行动态加载，我们要寻找相应的异步请求。在网络请求中找到包含动态数据的请求，一般会以 XHR（XMLHttpRequest）或 Fetch 的形式出现。点击 Network 下方的 Fetch/XHR 选项，可以得到如图 8-2 所示的内容。

图 8-2 点击 Fetch/XHR 得到的内容

（5）逐一点击查看上图 Name 下的每一行，可以发现，图书隐藏在最后一行，具体如图 8-3 所示。

在这个案例中，我们找到了一个异步请求：https：//www.ptpress.com.cn/hotBook/getHotBookList。至此，我们还需要记录下网址中 rows、page 等参数，注意将书籍相关数据存放在 data 这个大字典下的 rows 键中，并以列表形式存放。注意这一点，对后面提取数据非常有帮助。

图 8-3  图书所在位置

（6）点击这个请求，在右侧的"Headers"（头部）标签中可以看到请求的参数、头部信息和 Cookies。我们需要分析这些信息，以便在 Python 中构造相似的请求。

获得目标网页和相应的网络请求的相关数据后，我们就可以发起网络请求。下面是用于请求网页的函数示例，包括请求参数、头部信息和 Cookies。

```python
import requests
import json
def openurl():
    # 请求的参数、头部信息和 Cookies
    cookies = {
        'acw_tc ':'2760778716852863188355970e093ea3e934a6e4dbb11d561
cc88952b19fc2 ',
        'JSESSIONID ':'046B63CD05C766528945B142DCC6EA56 ',
    }
```

```
headers = {
    'Accept':'*/*',
    #... 请输入其他头部信息 ...
}

params = {
    'parentTagId':'75424c57-6dd7-4d1f-b6b9-8e95773c0593',
    'rows':'18',
    'page':'1',
}

response = requests.get('https://www.ptpress.com.cn/hotBook/getHotBook-
List', params = params, cookies = cookies, headers = headers)

return response
```

第二步：解析响应内容。

当我们发送网络请求并获取到响应后，响应的内容一般是以字符串（String）的形式返回。为了提取其中的数据，我们需要进行解析，获取动态加载的数据。在这个案例中，我们使用 json.loads( ) 方法来解析响应内容，即将一个 JSON 格式的字符串转换为 Python 对象（通常是字典或列表）。

```
def parse_response(response):
    # 使用 json.loads() 方法解析响应内容为 Python 对象
    content = json.loads(response.text)
    # 从解析后的数据中提取出图书信息的列表,content 是一个字典
    books = content['data']['rows']
    # 返回包含图书信息的列表
    return books
```

注意：在这个代码中，不能去掉 response 后面的 .text。response 是一个响应对象，而 response.text 是响应对象中的文本内容。json.loads( ) 方法需要传入一个字符串参数，所以需要使用 response.text 来提供响应的文本内容，以便将其解析为 Python 对象。如果去掉 .text，response 对象本身将被传递给 json.loads( )，这会导致解析错误，提示"类错误"。因此，保留 .text 是正确的做法。

第三步：提取和存储数据。

在此步骤中，我们从解析的响应内容中提取数据，并将其存储到文件中。

```python
def extract_and_store_data(data):
    with open('图书.csv','a',encoding='utf-8') as f:
        for item in data:
            book_name=item['bookName']
            f.write(book_name+'\n')
```

第四步：执行爬取。

我们通过执行主函数来进行实际爬取。

```python
def main():
    response=openurl()
    data=parse_response(response)
    extract_and_store_data(data)
if _name_=="_main_":
    main()
```

通过以上步骤，我们利用 JavaScript 逆向解析成功爬取了人民邮电出版社热门图书的动态加载数据，并将数据存储到了 CSV 文件中。下面是汇总后的完整代码：

```python
import requests
import json
# 第一步:分析网页和网络请求
def openurl():
    cookies={
        'acw_tc':'2760778716852863188355970e093ea3e934a6e4dbb11d561cc88952b19fc2',
        'JSESSIONID':'046B63CD05C766528945B142DCC6EA56',
    }
    headers={
        'Accept':'*/*',
```

```
        # ... 请输入其他头部信息 ...
        }
    params = {
        'parentTagId ':'75424c57-6dd7-4d1f-b6b9-8e95773c0593 ',
        'rows ':'18 ',
        'page ':'1 ',
    }
        response = requests.get ( ' https://www. ptpress. com. cn/hotBook/getHot-
BookList ',params = params,cookies = cookies,headers = headers)
        return response
# 第二步：解析响应内容
def parse_response ( response ):
    content = json.loads ( response.text)
    books = content[ 'data '][ 'rows ']
    return books
# 第三步：提取和存储数据
def extract_and_store_data ( data ):
    with open('图书 .csv ','a ',encoding = 'utf-8 ') as f:
        for item in data:
            book_name = item[ 'bookName ']
            f.write ( book_name+'\n ')
# 第四步：执行爬取
def main ( ):
    response = openurl ( )
    data = parse_response ( response )
    extract_and_store_data ( data )
if_name_ = = "_main_":
    main ( )
```

这个例子生动地展示了动态网页爬取的基本流程，涵盖了网络请求、响应解析、数据提取和存储等关键步骤。在实际应用中，可能需要根据具体情况进行调整和优化。此外，在进行动态网页爬取时，还需要注意以下几点：

反爬机制：一些网站会采取反爬措施，限制频繁请求或采用验证码等手段。在进行爬取时要小心避免触发这些反爬机制，可以使用请求头模拟真实浏览器访问。

合法性问题：在进行爬取前，务必遵循网站的使用条款和 robots. txt 文件，确保你的爬取活动合法且符合网站规定。

数据量和频率：爬取时要注意数据量和访问频率，以免给网站服务器带来过大负担。合理设置访问频率，避免造成不必要的干扰。

总之，爬取动态网页需要深入理解目标网页的结构和加载过程，并运用 Python 的库和技术来模拟浏览器行为，执行 JavaScript 代码，以获取动态加载的数据。同时，要遵守网站的规定，合法合规地进行数据采集。

# 8.2　Selenium 自动化爬取网页

在本节中，我们将深入探讨 Selenium 的基本使用方法，涵盖配置浏览器驱动、加载页面、模拟用户操作等关键步骤。通过学习本章内容，你将能够更加从容地应对动态网页爬取的挑战，轻松获取那些仅在交互式浏览器环境中才能呈现的宝贵数据。让我们一同深入研究 Selenium 自动化爬取的精髓。

## 8.2.1　了解并安装 Selenium

Selenium 是一个用于 Web 应用程序测试的工具，可以模拟用户在浏览器中的操作，如点击、填写表单、提交等。它支持多种浏览器，包括 Chrome、Firefox、Safari 等，并提供了多种编程语言的接口，如 Python、Java、C# 等。

当准备使用 Selenium 进行动态网页爬取时，需要先进行 Selenium 库的安装以及相应的 WebDriver 的配置。WebDriver 是 Selenium 的核心组件之一，它负责在程序中控制浏览器，实现模拟用户在浏览器中的操作。下面是详细的安装步骤：

（1）安装 Selenium 库。Selenium 库可以通过 Python 包管理工具 pip 进行安装。打开终端或命令提示符窗口，输入以下命令来安装 Selenium：

```
pip install selenium
```

（2）下载并配置 WebDriver。Selenium WebDriver 是用于控制各种浏览器的组件。不同浏览器需要不同版本的 WebDriver。以下是几种常见浏览器的 WebDriver 下载和配置方法。

Chrome 浏览器：

1）确定自己电脑的 Chrome 浏览器的版本。打开 Chrome 浏览器，在地址栏输入 chrome：//version/并按下回车键，查找"Google Chrome"的版本号。

2）访问 ChromeDriver 下载页面：https：//sites. google. com/chromium. org/driver/。

3）下载适用于你系统的 ChromeDriver，并将下载的压缩包解压。请注意，下载的 ChromeDriver 版本需要与你的 Chrome 浏览器版本匹配。

4）将解压后的应用程序文件 chromedriver. exe 复制，然后粘贴到 Anaconda 安装目录下的 Scripts 文件夹中，或者将其路径添加到系统环境变量中。这样，你就能在任何目录下使用 ChromeDriver 了。

Firefox 浏览器：

1）访问 GeckoDriver 下载页面：https：//github. com/mozilla/geckodriver/releases。

2）下载适用于你系统的 GeckoDriver，并将其解压。

3）将解压后的应用程序文件 geckodriver. exe 复制，然后粘贴到 Anaconda 安装目录下的 Scripts 文件夹中，或者将其路径添加到系统环境变量中。

注意：确保下载并使用与浏览器版本相匹配的 WebDriver 版本，否则可能会出现兼容性问题。打开 Firefox 浏览器，然后在浏览器窗口的右上角，点击菜单按钮（通常是三个横线或点），打开菜单选项，在"帮助"下拉菜单中，选择"关于 Firefox"（About Firefox），将看到 Firefox 浏览器的版本。

完成以上步骤后，我们就已经成功安装了 Selenium 库，并配置好了所需的 WebDriver。

### 8.2.2　基本操作与核心功能

#### 8.2.2.1　模式介绍

当使用 Selenium 进行自动化爬取或测试时，你可以选择在有头模式（显示浏览器）或无头模式（不显示浏览器）下运行。下面是关于这两种模式的详细介绍以及相应的 Python 代码示例。

有头模式（Headful Mode）：在有头模式下，Selenium 会在实际的浏览器窗口中执行操作，这意味着可以实时观察操作的过程和结果。

```
from selenium import webdriver
from selenium.webdriver.common.by import By
# 创建 Chrome 浏览器实例（有头模式）
driver = webdriver.Chrome( )
```

无头模式（Headless Mode）：在无头模式下，Selenium 会在后台执行操作，不显示实际的浏览器窗口。这种模式适用于需要高效处理的情况，而不需要实时观察浏览器操作过程。

```
from selenium import webdriver
from selenium.webdriver.common.by import By
# 创建 Chrome 浏览器实例（无头模式）
options = webdriver.ChromeOptions( )
options.add_argument( "--headless " )
driver = webdriver.Chrome( options = options )
```

有头模式的优势：

可视化调试：实时观察操作的效果，便于调试和验证。

页面渲染：获取完整的页面渲染结果，包括通过 JavaScript 生成的内容。

无头模式的优势：

节省资源：不需要显示浏览器界面，占用的系统资源较少。

高效批量处理：无需进行页面渲染，操作可以更快地执行。

根据需要选择合适的模式，示例代码如上所示。在创建浏览器实例时，如果你想要使用无头模式，只需在创建 options 对象时添加"--headless "选项即可。

无论你选择哪种模式，Selenium 都可以进行自动化操作，以模拟用户在浏览器中的行为。这使 Selenium 成为处理动态加载内容、执行 JavaScript 和模拟用户交互的强大工具。

### 8.2.2.2　导航到网页

当使用 Selenium 进行自动化爬取或测试时，经常需要在不同的网页之间进行导航。Selenium 提供了一些方法来实现这些导航操作，包括打开新的网页、后

退、前进和刷新页面。下面是关于导航操作的详细介绍以及相应的 Python 代码
示例。

（1）打开新的网页。使用 get( )方法可以打开一个新的网页。我们可以将要
访问的网址作为参数传递给该方法。代码如下：

```python
Copy codefrom selenium import webdriver
# 创建 Chrome 浏览器实例
driver = webdriver.Chrome()
# 打开新的网页，以百度首页为例
driver.get("https://www.baidu.com")
```

（2）后退和前进。如果需要在浏览器历史记录中后退或前进，可以使用
back( )和 forward( )方法。代码如下：

```python
# 在当前页面后退
driver.back()
# 在当前页面前进
driver.forward()
```

（3）刷新当前页面。使用 refresh( )方法可以刷新当前页面。代码如下：

```python
# 刷新当前页面
driver.refresh()
```

这些导航操作使你可以在不同的网页之间自由切换，并且能够模拟用户在浏
览器中的常规操作。无论是访问不同的页面、返回之前的页面，还是刷新页面，
Selenium 都能够方便地实现这些操作，帮助你更好地进行自动化爬取或测试。

（4）关闭浏览器窗口。使用 driver.quit( )方法可以关闭浏览器窗口和 Seleni-
um 驱动程序进程。这是一个重要的步骤，确保在使用完 Selenium 后释放资源。
代码示例如下：

```python
# 关闭浏览器窗口并终止驱动程序进程
driver.quit()
```

在实际使用中，我们通常会在完成所有操作后调用 driver. quit( )方法，以确
保浏览器窗口被正常关闭，避免产生不必要的内存占用和进程残留。这种良好的

资源管理习惯对于长时间运行的爬虫脚本尤为重要。

### 8.2.2.3 查找和定位元素

在使用 Selenium 进行自动化爬取时，查找和定位网页上的元素是非常重要的一步。通过定位元素，我们可以在页面上进行操作、获取数据或与页面进行交互。Selenium 提供了多种方法来查找和定位元素，表 8-1 列出了八种常用的方法。

**表 8-1　Selenium 常用元素定位方法**

| 定位方法 | 示例代码 | 说明 |
| --- | --- | --- |
| ID | driver.find_element(By.ID, "element_id") | 根据元素的唯一标识符 ID 进行定位 |
| Name | driver.find_element(By.NAME, "element_name") | 根据元素的 Name 属性进行定位 |
| Class Name | driver.find_element(By.CLASS_NAME, "element_class") | 根据元素的 Class Name 属性进行定位 |
| XPath | driver.find_element(By.XPATH, "//div[@id='example']") | 使用 XPath 表达式进行定位 |
| CSS 选择器 | driver.find_element(By.CSS_SELECTOR, "div. example") | 使用 CSS 选择器进行定位 |
| Link Text | driver.find_element(By.LINK_TEXT, "Example Link") | 使用链接文本进行定位，适用于<a>标签 |
| Partial Link Text | driver.find_element(By.PARTIAL_LINK_TEXT, "Example") | 使用部分链接文本进行定位，适用于<a>标签 |
| Tag Name | driver.find_element(By.TAG_NAME, "tag_name") | 使用 HTML 标签名进行定位 |

通过使用这些定位方法，我们可以根据元素在网页上的不同属性或特征，灵活地定位和操作元素，从而实现自动化爬取和交互。下面结合 HTML 网页，详细介绍常用的定位方法。

假如我们有一个如下的 HTML 网页：

```
<! DOCTYPE html>
<html>
<head>
  <title>示例网页</title>
</head>
<body>
  <h1>示例网页</h1>
  <div class="content">
      <p id="paragraph">这是一个示例段落。</p>
      <input type="text" name="username" placeholder="请输入用户名">
      <button class="submit-btn">提交</button>
      <a href="https://www.baidu.com/">Example Link 1</a>
  </div>
  <div class="content">
      <p>另一个示例段落。</p>
      <input type="text" name="email" placeholder="请输入邮箱">
      <button class="submit-btn">提交</button>
      <a href="https://www.google.com/">Example Link 2</a>
  </div>
</body>
</html>
```

如何在 Python 中运行我们的 HTML 示例呢?

首先，打开笔记本等编辑器，将以上 HTML 代码复制到笔记本中，保存为 file. html。注意修改后缀为 . html。其次，在 Python 中运行以下代码:

```
from selenium import webdriver
from selenium.webdriver.common.by import By
# 创建一个 Chrome 浏览器实例
driver = webdriver.Chrome()
```

```
# 打开示例 HTML 页面,注意修改路径
driver.get("your file path to/file.html")
```

接下来将详细介绍各种定位方法:

第一种,ID 定位。使用元素的唯一标识符 ID 进行定位。代码示例如下:

```
element = driver.find_element(By.ID, "paragraph")
print(element.text) # 查看内容,结果为:"这是一个示例段落。"
```

第二种,Name 定位。使用元素的 Name 属性进行定位。代码如下:

```
element = driver.find_element(By.NAME, "username")
```

第三种,Class Name 定位。使用元素的 Class Name 属性进行定位。代码如下:

```
element = driver.find_element(By. CLASS_NAME, "submit-btn")
```

第四种,XPath 定位。使用 XPath 表达式进行定位。代码如下:

```
element = driver.find_element(By.XPATH, "//p[@id='paragraph']")
```

第五种,CSS 选择器定位。使用 CSS 选择器进行定位。代码如下:

```
element = driver.find_element(By.CSS_SELECTOR, "button.submit-btn")
```

第六种,Link Text 定位。使用链接文本进行定位,适用于<a>标签。代码如下:

```
element = driver.find_element(By.LINK_TEXT, "Example Link")
```

第七种,Partial Link Text 定位。使用部分链接文本进行定位,也适用于<a>标签。代码如下:

```
element = driver.find_element(By.PARTIAL_LINK_TEXT, "Example")
```

第八种,Tag Name 定位。使用 HTML 标签名进行定位。代码如下:

```
element = driver.find_element(By.TAG_NAME, "h1")
```

通过使用这些不同的定位方法,我们可以根据元素的属性、标签名等来精确

定位网页上的各种元素。这使我们能够在自动化爬取过程中准确获取数据或进行交互操作。根据网页的具体结构和需要定位的元素，选择合适的定位方法非常重要。

当要查找多个元素时，怎么办呢？

当使用 Selenium 定位元素时，不仅可以使用 find_element 方法定位单个元素，还可以使用 find_elements 方法定位符合条件的多个元素。这对于需要处理多个相似元素的情况非常有用。

比如，在上述示例 HTML 文档中，我们使用了两个相似的 div 元素，每个 div 都包含一个段落、一个输入框、一个按钮和一个链接。我们可以通过 find_elements 方法查找所有具有相同 class 属性值的 div 元素，并对它们进行操作。以下是使用 find_elements 方法定位这两个 div 元素，并找到每个段落的示例代码：

```
# 查找所有具有 class 属性值为"content "的 div 元素
elements = driver.find_elements( By.CLASS_NAME , "content ")
# 遍历每个找到的 div 元素
for element in elements：
    # 在当前 div 元素中查找 p 元素
    paragraph = element.find_element( By.TAG_NAME , "p ")
    # 输出段落文本
    print( "段落文本：" , paragraph.text)
driver.quit( )
```

通过使用 find_elements 方法和嵌套的 find_element 方法，可以针对每个 div 元素中的具体元素进行定位和操作。这在处理多个相似元素的情况下非常有用。要注意的是，find_elements 返回的对象是列表。

模拟用户操作是使用 Selenium 的关键功能之一，它允许我们在浏览器中模拟用户的实际交互行为。通过模拟点击、输入文本、提交表单等操作，我们可以与页面进行交互并获取动态加载的数据。以下是一些常见的模拟用户操作的示例：

（1）点击元素。要模拟点击页面上的元素，我们可以使用 click（）方法。这对于触发链接、按钮和其他可交互元素的操作非常有用。代码如下：

```
element = driver.find_element( By.ID , "button_id ")
element.click( )
```

（2）在输入框中输入文本。如果我们想要在输入框中输入文本，可以使用 send_keys（）方法。这可以模拟用户手动输入。代码如下：

```
input_element = driver.find_element( By.NAME ," input_name " )
input_element.send_keys( "Hello,Selenium! " )
```

（3）提交表单。如果有一个表单需要提交，我们可以使用 submit（）方法，它会自动找到表单中的提交按钮并点击。代码如下：

```
form_element = driver.find_element( By.ID ," form_id " )
form_element.submit( )
```

（4）模拟键盘按键。在模拟用户操作时，我们可能需要模拟键盘按键，如按下回车键来提交表单。这可以通过导入 Keys 类并使用其常量来实现。代码如下：

```
from selenium.webdriver.common.keys import Keys
input_element = driver.find_element( By. NAME ， "input_name " )
input_element.send_keys( "Hello,Selenium! " )
input_element.send_keys( Keys. ENTER )
```

（5）鼠标操作。除键盘操作外，Selenium 还支持模拟鼠标操作，例如，移动到元素、双击元素等。代码（移动到元素）如下：

```
element = driver.find_element( By.ID, "element_id " )
from selenium.webdriver.common.action_chains import ActionChains
actions = ActionChains( driver )
actions.move_to_element( element ).perform( )
```

通过使用这些方法，我们可以模拟用户在实际浏览器中的操作，与页面进行交互，从而获取动态加载的内容。这使 Selenium 成为处理动态网页和交互式元素的强大工具。

### 8.2.3 处理动态加载

现代网页通常使用 JavaScript 来进行动态加载内容，这可能会在页面加载后通过异步请求获取数据并更新页面内容。对于这种情况，传统的静态爬取方法可能无法获取完整的数据。在这种情况下，Selenium 可以发挥作用，因为它可以模拟用户交互并获取动态加载的内容。

（1）等待元素加载。在处理动态加载时，需要确保在元素出现之前等待足够的时间，以免获取到不完整的页面内容。Selenium 提供了等待机制，可以等待元素的出现、可见、点击等条件。以下是使用 Selenium 等待元素加载的一个示例：

```
from selenium.webdriver.common.by import By
from selenium.webdriver.support.ui import WebDriverWait
from selenium.webdriver.support import expected_conditions as EC
# 等待元素出现
element = WebDriverWait(driver,10).until(
    EC.presence_of_element_located((By.ID,"my-element"))
)
```

在使用 Selenium 进行动态加载时，可以使用 Python 的 time. sleep（）函数来添加固定的等待时间。然而，这种方法并不推荐，因为固定的等待时间可能会导致等待时间过长或过短，从而影响爬取的效率和准确性。相比之下，Selenium 提供了更灵活和精确的等待机制，如显式等待和隐式等待，以确保在合适的时间点继续操作。以下是使用 time. sleep（）函数的示例，但请注意这种方法的局限性：

```
import time
# 在执行操作前等待 5 秒
time.sleep(5)
# 继续执行其他操作
```

相比之下，推荐使用 Selenium 提供的等待机制，以获得更好的控制和效果。

（2）模拟滚动加载。许多网页使用滚动加载来分批显示内容，用户滚动到页面底部时会自动加载更多内容。对于这种情况，可以使用 Selenium 模拟滚动操作，并等待新内容的加载。以下是一个模拟滚动加载的示例：

```
from selenium.webdriver.common.keys import Keys
# 模拟向下滚动
driver.find_element(By.TAG_NAME,"body").send_keys(Keys.END)
```

```
# 等待新内容加载
new_element = WebDriverWait( driver, 10) .until(
    EC. presence_of_element_located( ( By.CLASS_NAME, "new-content ") )
)
```

通过结合等待机制和模拟滚动，可以有效地处理动态加载的内容，确保获取完整的数据。

在某些情况下，网页可能会通过滚动操作来动态加载更多的内容，如展示无限滚动的列表或分页。为了获取这些动态加载的数据，我们可以通过执行 JavaScript 脚本来模拟用户的滚动操作。以下是使用 Selenium 和 JavaScript 来拉动滚动条的示例：

```
from selenium import webdriver
import time
# 启动浏览器
driver = webdriver.Chrome( )
# 打开网页,以示例网页为例
driver.get( "https://www. example. com ")
# 执行 JavaScript 脚本,将页面滚动到指定位置(例如,垂直位置 500px)
js = 'window. scrollTo( 0 ,500) '
driver.execute_script( js)
# 等待一段时间,以确保动态加载的内容加载完毕
time. sleep( 1 )
# 关闭浏览器
driver.quit( )
```

在上面的示例中，driver.execute_script( js)执行了一个 JavaScript 脚本,将页面滚动到垂直位置 500px 处。我们可以根据需要修改 js 变量的值,以实现显示不同的滚动位置。然后,使用 time.sleep( )或其他等待机制等待一段时间,以确保动态加载的内容加载完毕。

请注意,在实际应用中,推荐使用显式等待机制,以等待特定的元素出现,而不是只使用固定的等待时间。这样可以更好地适应不同网络速度和加载时间。

同时，为了遵循合法合规原则，建议在使用 Selenium 进行爬取时，遵循网站的使用条款并尊重网站的服务器负载。

# 8.3　示例：使用 Selenium 自动化爬取动态网页数据

在本节中，将以爬取京东商城的商品评论数据为例，展示如何使用 Selenium 来模拟用户的操作，访问网页，获取数据，并进行数据处理。通过这个实际案例，我们将更加深入地了解如何应用 Selenium 进行动态网页的爬取。

### 8.3.1　背景和目的

在现代电子商务领域，了解消费者的意见和反馈对于产品的改进和提升至关重要。京东商城作为中国最大的综合性电商平台之一，每个商品都拥有大量的用户评价和评论。这些评论包含了消费者对于商品的真实反馈，对于购物决策和产品改进有着重要意义。

我们的目标是通过使用 Selenium 来爬取京东商城手机商品的评论数据。具体来说，我们将模拟用户在京东网站上查看手机商品并访问其评论页面的过程，然后将这些评论数据保存下来。通过这个实例，我们将学会如何使用 Selenium 自动化工具来模拟用户操作，从而获取网页上的数据。

### 8.3.2　代码演示：爬取京东手机评论

现在，让我们开始编写代码，实际演示如何使用 Selenium 来爬取京东手机评论数据。请确保已经按照前文的指引安装了 Selenium 库并配置了相应的浏览器驱动。

第一步：设置和启动浏览器。在这一步，我们将导入所需的库，设置浏览器驱动，并打开京东手机商品链接。代码如下：

```
from selenium import webdriver
from selenium.webdriver.common.by import By
import time
```

```
# 启动 Chrome 浏览器
browser = webdriver.Chrome( )
# 打开京东手机商品链接
url = 'https://item.jd.com/100000177770.html '
browser.get( url )
# 等待一定时间以手动登录（只有登录后才能查看评论）
time.sleep( 20 )
```

第二步：爬取商品评价页。在这一步，我们模拟用户点击"商品评价"按钮，进入评价页面，并获取当前页面的源代码。代码如下：

```
# 点击"商品评价"按钮
comment_tab = browser.find_element( By.XPATH, '// * [ @ id = "detail "]/div
[ 1 ]/ul/li[ 5 ]' )
comment_tab.click( )
time.sleep( 5 )
# 获取当前页面的源代码
data = browser.page_source
```

第三步：爬取多页评论数据。在这一步，我们模拟滚动页面加载更多评论数据，并通过循环获取多页评论数据。代码如下：

```
# 模拟滚动页面到底部加载更多评论
browser.execute_script( "window.scrollTo( 0,9000 )" )
# 获取第一页评论数据
data_all = data
# 点击下一页按钮获取更多评论数据
for i in range( 8 ):
    next_btn = browser.find_element( By.XPATH, '// * [ @ id = "comment-0 "]/div
[ 12 ]/div/div/a[ 7 ]' )
    next_btn.click( )
    time.sleep( 2 )
```

```
data = browser.page_source
data_all += data
```

第四步：提取评论内容并存储。在这一步，我们模拟滚动页面加载更多评论数据，并通过循环获取多页评论数据。代码如下：

```
# 提取评论内容
import re
p_comment = '<p class = "comment−con ">( . * ?)</p>'
comment = re.findall( p_comment , data_all)
# 将提取的评论内容写入文件
with open( 'results/jd_comments2.txt ' , 'a ' , encoding = 'utf−8 ') as f:
    for index , text in enumerate( comment) :
        f.write( str( index) + '\t ' +text+ '\n ')
# 关闭浏览器
browser.quit( )
```

通过这个示例，我们演示了如何使用 Selenium 自动化爬取京东手机评论数据的完整过程。在实际应用中，可以根据不同的网页结构和需求进行适当的调整和修改。以下是完整的汇总代码：

```
from selenium import webdriver
from selenium.webdriver.common.by import By
import time
# 启动 Chrome 浏览器
browser = webdriver.Chrome( )
# 打开京东手机商品链接
url = 'https://item.jd.com/100000177770.html '
browser.get( url)
# 等待一定时间以手动登录（只有登录后才能查看评论）
time.sleep( 20)
```

```
# 点击"商品评价"按钮
comment_tab = browser.find_element(By.XPATH, '//*[@id="detail"]/div
[1]/ul/li[5]')
comment_tab.click()
time.sleep(5)
# 获取当前页面的源代码
data = browser.page_source
# 模拟滚动页面到底部加载更多评论数据
browser.execute_script("window.scrollTo(0,9000)")
# 获取第一页评论数据
data_all = data
# 点击下一页按钮获取更多评论数据
for i in range(8):
    next_btn = browser.find_element(By.XPATH, '//*[@id="comment-
0"]/div[12]/div/div/a[7]')
    next_btn.click()
    time.sleep(2)
    data = browser.page_source
    data_all += data
# 提取评论内容
import re
p_comment = '<p class="comment-con">(.*?)</p>'
comment = re.findall(p_comment, data_all)
# 将提取的评论内容写入文件
with open('results/jd_comments2.txt', 'a', encoding='utf-8') as f:
    for index, text in enumerate(comment):
        f.write(str(index)+'\t'+text+'\n')
# 关闭浏览器
browser.quit()
```

至此，我们学习完了如何使用 Selenium 来解决动态加载和交互式元素带来的爬取问题。从安装并配置 Selenium 库以及浏览器驱动，到不同的元素定位等技巧，使我们能够模拟用户操作，从而获取动态加载的内容。

# 8.4　本章小结

在本章中，我们探索了动态网页爬取的挑战和解决方案。动态网页的兴起导致许多网站采用了动态加载和交互式元素，传统的静态爬取方法面临困难。为了应对这些问题，我们引入了两种关键技术：JavaScript 逆向解析和 Selenium 自动化爬取。

第一节我们深入研究了 JavaScript 逆向解析。通过分析网页、网络请求和 JavaScript 代码，我们能够模拟浏览器行为，获取动态加载的数据。我们学习了请求参数、头部信息、Cookies 等的设置，以及如何解析响应内容、提取数据和存储结果。在这个过程中，要注意网站的反爬机制和合法合规原则，以避免不必要的麻烦。

第二节我们深入了解了 Selenium 自动化爬取技术。Selenium 不仅是一款自动化测试工具，还可以模拟用户操作，解决动态加载和交互式元素带来的爬取问题。我们学习了 Selenium 的安装配置、元素定位、模拟操作、等待加载和滚动页面等关键技巧。通过一个实际的案例，演示了如何爬取京东商城的手机评论数据，从而实际应用了这些技术。

总而言之，本章的内容使我们能够应对现代网页爬取的复杂情况，充分发挥了 JavaScript 逆向解析和 Selenium 自动化爬取的能力。这些技术不仅帮助我们获取动态加载的数据，还让我们能够模拟用户行为，更好地理解网站的交互逻辑。然而，在实际应用中，我们需要根据不同网站的特点和变化进行灵活调整，同时遵循合法合规的原则，确保爬取过程合理合法。

**思考题**

1. 为什么一些网站会采用动态加载和交互式元素？这些特性对用户体验有何影响，给爬虫行为又带来了哪些挑战？

2. 在什么情况下选择使用 JavaScript 逆向解析，而在什么情况下选择使用 Se-

lenium 自动化爬取？它们的适用场景有哪些差异？

3. 动态网页爬取往往需要模拟用户操作，但过于频繁地操作可能触发网站的反爬机制。如何避免被检测为机器人，同时又有效获取数据？

4. 在使用 Selenium 进行自动化爬取时，如何通过设置等待时间来确保页面和元素加载完成？有没有更精细的控制方式来等待特定条件的出现？

### 练习题

1. 选择一个带有动态加载内容的网页，尝试使用 Selenium 来自动化爬取其中的数据。你可以选择一个感兴趣的主题，如新闻、商品信息、微博等。

2. 探索不同的元素定位方法（ID、Name、Class Name、XPath、CSS 选择器等），在一个网页中分别使用它们来定位不同的元素。观察它们的优缺点和适用场景。

3. 修改京东手机评论爬取的代码，使用 Selenium 的等待方法（如 WebDriverWait）来代替固定的 time. sleep，以更准确地等待页面元素加载。

4. 在网页中模拟点击按钮、填写表单等操作，然后通过 Selenium 获取填写后的结果或提交表单。尝试在一个可交互的网页中完成这些操作。

5. 研究一个具有反爬虫机制的网站，尝试使用 Selenium 来绕过这些机制并成功获取数据。请注意，合法合规的原则仍然适用。

# 第 4 篇

## 大数据分析实践

# 第9章　数据探索性分析

在本章中我们将综合应用 Numpy、Pandas、Matplotlib 进行数据探索性分析，结合案例讲解数据分析过程。

## 9.1　利用 Python 整理数据

### 9.1.1　数据清洗

数据清洗是数据预处理的重要步骤，主要包括处理缺失值、处理重复值、处理异常值等。在 Python 的 Pandas 库中，提供了许多方便的函数来进行数据清洗。

9.1.1.1　处理缺失值

案例：泰坦尼克号乘客数据

导入数据，查看数据基本情况，代码如下：

```
import pandas as pd
import numpy as np
df = pd.read_excel('./datas/titanic.xlsx', index_col = u 'PassengerId') # 读取数据,指定''PassengerId ''列为索引列
df.head( )
```

数据展示结果如表 9-1 所示。

表 9-1　数据展示结果

| Passen-gerld | Survived | Pclass | Name | Sex | Age | SibSp | Parch | Ticket | Fare | Cabin | Embar-ked |
|---|---|---|---|---|---|---|---|---|---|---|---|
| 1 | 0 | 3 | Braund Mr. Owen Harris | male | 22.0 | 1 | 0 | A/5 21171 | 2000.0000 | NaN | S |
| 2 | 1 | 1 | Cumings Mrs. John Bradley（Florence Briggs Tha...） | female | 38.0 | 1 | 0 | PC 17599 | 71.2833 | C85 | C |
| 3 | 1 | 3 | Heikkien Miss. Laina | female | 26.0 | 0 | 0 | STON/O2. 3101282 | 7.9250 | NaN | S |
| 4 | 1 | 1 | Futrelle Mrs. Jacques Heath(Lily May Peel) | female | 35.0 | 1 | 0 | 113803 | 53.1000 | C123 | S |
| 5 | 0 | 3 | Allen Mr. William Henry | male | 35.0 | 0 | 0 | 373450 | 8.0500 | NaN | S |

了解数据类型：

df.shape
（896,11）

结果如下：

df.info（）
<class 'pandas.core.frame.DataFrame'>
Int64Index：896 entries，1 to 891
Data　　columns　（total　11　columns）：
 #　　Column　　Non-Nu11　Count　　Dtype
---　　-----　　-------------　　----
 0　　Survived　896　non-nu11　　int64
 1　　Pclass　　896　non-nu11　　int64
 2　　Name　　896　non-nu11　　object
 3　　Sex　　896　non-nu11　　object
 4　　Age　　718　non-nu11　　f1oat64
 5　　SibSp　　896　non-nu11　　int64

| 6 | Parch | 896 | non-null | int64 |
| 7 | Ticket | 896 | non-null | object |
| 8 | Fare | 896 | non-null | float64 |
| 9 | Cabin | 206 | non-null | object |
| 10 | Embarked | 894 | non-null | object |

dtypes:float64(2),int64(4),object(5)

memory usage:84.0+KB

对缺失值做简单统计分析，代码如下：

df.isnull()#检测空值

df.isnull().sum()#对空值求和

Age 和 Cabin 字段有较多缺失值，Embanked 有 2 个缺失值，结果如下：

| Survived | 0 |
| Pclass | 0 |
| Name | 0 |
| Sex | 0 |
| Age | 178 |
| SibSp | 0 |
| Parch | 0 |
| Ticket | 0 |
| Fare | 0 |
| Cabin | 690 |
| Embarked | 2 |

dtype：int64

删除掉全是空值的列和行：

df.dropna(axis=''columns '', how='all', inplace=True)#删除掉全是空值的列

df.dropna(axis=''index '', how='all', inplace=True)#删除掉全是空值的行

检查特定行的空值：

```
df[''Age''].isnull( )
df[''Age''].notnull( )
```

Age 属性中有缺失，通过计算该属性的均值将缺失处填补，使数据的数量一致，先把空值变为 0，就可以求和，代码如下：

```
df.fillna({''Age'':0})#将年龄列为空的填充为 0
df.describe( )
```

结果如表 9-2 所示。

表 9-2　缺失值统计分析结果

|  | Survived | Pclass | Age | SibSp | Parch | Fare |
|---|---|---|---|---|---|---|
| count | 896. 000000 | 896. 000000 | 718. 000000 | 896. 000000 | 896. 000000 | 896. 000000 |
| mean | 0. 383929 | 2. 306920 | 29. 678510 | 0. 521205 | 0. 381696 | 37. 272637 |
| std | 0. 486612 | 0. 836725 | 14. 492679 | 1. 100329 | 0. 806025 | 97. 830000 |
| min | 0. 000000 | 1. 000000 | 0. 420000 | 0. 000000 | 0. 000000 | 0. 000000 |
| 25% | 0. 000000 | 2. 000000 | 20. 125000 | 0. 000000 | 0. 000000 | 7. 925000 |
| 50% | 0. 000000 | 3. 000000 | 28. 000000 | 0. 000000 | 0. 000000 | 14. 458300 |
| 75% | 1. 000000 | 3. 000000 | 38. 000000 | 1. 000000 | 0. 000000 | 31. 068750 |
| max | 1. 000000 | 3. 000000 | 80. 000000 | 8. 000000 | 6. 000000 | 2000. 000000 |

```
df.loc[:,'Age'] = df['Age'].fillna(29.699118)
df.isnull( ).sum( )#Age 已不存在缺失值
```

结果如下：

```
Survived    0
Pclass      0
Name        0
Sex         0
Age         0
SibSp       0
Parch       0
```

```
Ticket    0
Fare      0
Cabin     690
Embarked 2
dtype：int64
```

再处理 Embarked 列数据的缺失值，对不同舱位数量进行统计：

```
df["Embarked"].value_counts() #查看众数
```

结果如下：

```
S      647
C      169
Q      78
Name  Embarked,dtybp:int64
df.loc[:,'Embarked'] = df['Embarked'].fillna('S') #embarked 填充众数
df.isnull().sum() #Embarked 已不存在缺失值
```

结果如下：

```
Survived      0
Pclass        0
Name          0
Sex           0
Age           0
SibSp         0
Parch         0
Ticket        0
Fare          0
Cabin         690
Embarked      0
dtype：int64
```

可以删掉座号 Cablin 这一列：

```
df.drop(labels='Cabin ',axis=1,inplace=True)
df.isnull().sum()
```

结果如下:

```
Survived        0
Pclass          0
Name            0
Sex             0
Age             0
SibSp           0
Parch           0
Ticket          0
Fare            0
Embarked        0
dtype: int64
```

### 9.1.1.2　处理重复值

判断每一行数据是否重复(完全相同):

```
df.duplicated()
```

如果上述的返回值为 False,则表示不重复;返回值为 True,表示重复。

针对不同的重复数据和运算目的,可以采用不同去除重复值的方式,具体如下:

(1)去除全部的重复数据,代码如下:

```
df.drop_duplicates()
```

(2)去除指定列的重复数据,代码如下:

```
df.drop_duplicates(['Name '])# 用 Name 举例
```

(3)保留重复行的最后一行,代码如下:

```
df.drop_duplicates(['Name '],keep='last ')
# 还可以使用 keep='first' 来保留第一行
```

9.1.1.3  处理异常值

通过画出箱形图判断异常值，具体如下：

异常值检测，代码如下：

```
import matplotlib.pyplot as plt # 导入图像库
plt.rcParams['font.sans-serif'] = ['SimHei'] # 用来正常显示中文标签
plt.rcParams['axes.unicode_minus'] = False # 用来正常显示负号
df = pd.read_excel('./datas/titanic.xlsx', index_col = u'PassengerId') # 读取数据,指定''PassengerId ''列为索引列
data = df.loc[:,['Fare']]
plt.figure() # 建立图像
plt.boxplot(data)
plt.show() # 展示箱形图
```

结果如图 9-1 所示。

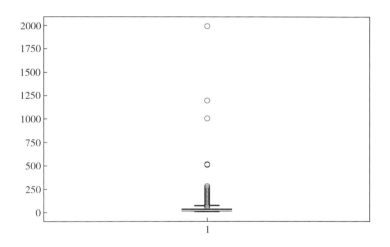

图 9-1  检测结果

去除异常值及上下限以外的值，代码如下：

```
Q1=data.quantile(0.25)#下四分位数
Q3=data.quantile(0.75)#上四分位数
IQR=Q3-Q1#四分位差
data1=data[(data>=Q1-1.5*IQR)&(data<=Q3+1.5*IQR)]#上边缘和下
边缘 data1
```

结果如表 9-3 所示。

表 9-3　分析结果

| 乘客编号 | 结果 |
| --- | --- |
| 1 | NaN |
| 2 | NaN |
| 3 | 7.925 |
| 4 | 53.100 |
| 5 | 8.050 |
| ⋮ | ⋮ |
| 887 | 13.000 |
| 888 | 30.000 |
| 889 | 23.450 |
| 890 | 30.000 |
| 891 | 7.750 |

896rows×1columns

## 9.1.2　数据特征探索

在 Python 中，数据特征探索主要包括统计分析和数据可视化。以下是一些常见的数据特征探索方法：

（1）描述性统计分析。统计量分析用统计指标对定量数据进行统计描述，常从集中趋势和离中趋势两个方面进行分析。平均水平的指标是对个体集中趋势的度量，使用最广泛的是均值和中位数；反映变异程度的指标则是对个体离开平均水平的度量，使用较广泛的是标准差（方差）、四分位间距。

集中趋势度量主要有均值、中位数、众数。

离中趋势度量主要有极差、标准差、变异系数。

（2）单变量分析。单变量分析能揭示数据的分布特征和分布类型，便于发现某些特大或特小的可疑值。对于定量数据，欲了解其分布形式是对称的还是非对称的，可通过频率分布表、频率分布直方图、茎叶图进行直观的分析；对于定性分类数据，可用饼形图和条形图直观地显示分布情况。

（3）双变量分析。双变量分析是指把两个相互联系的指标数据进行比较，从数量上展示和说明研究对象规模的大小、水平的高低、速度的快慢，以及各种关系是否协调。特别适用于指标间的横纵向比较、时间序列的比较分析。在对比分析中，选择合适的对比标准是十分关键的步骤，选择得合适，才能做出客观的评价，选择不合适，就可能得出错误的结论。同时，双变量之间也可以进行相关性分析，以此发现二者之间的联系。

案例 1：从农产品生产者价格指数来看，从时间的维度上分析，可以看到各种农产品的生产者价格指数随时间的变化趋势，了解在此期间哪个部门的生产者价格指数较高、趋势比较平稳；也可分析单一产品，了解各季度的销售对比情况，具体如图 9-2 所示。

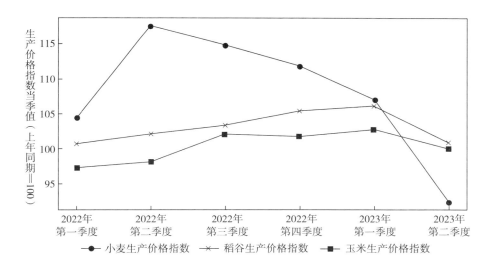

图 9-2　各季度销售对比情况

导入数据代码如下：

```
import pandas as pd
import numpy as np
import matplotlib.pyplot as plt
data = pd.read_excel('农产品生产者价格指数.xlsx')
data.describe()
```

不同农产品在各季度的生产者价格指数对比情况如下：

```
plt.rcParams['font.sans-serif'] = ['Kaiti']
plt.figure(figsize=(8,4))
plt.plot(data['季度'], data['小麦生产价格指数'], color = 'green', label =
'小麦生产价格指数', marker='o')
plt.plot(data['季度'], data['稻谷生产价格指数'], color='red', label='稻谷
生产价格指数', marker='s')
plt.plot(data['季度'], data['玉米生产价格指数'], color='skyblue', label =
'玉米生产价格指数', marker='x')
plt.legend() # 显示图例
plt.ylabel('生产价格指数当季值(上年同期=100)')
plt.show()
```

总体来看，小麦生产者价格指数在 2022 年第二季度开始快速下降，可以进一步分析造成这种现象的原因。

（4）多变量分析。对多变量进行相关性分析，即分析连续变量之间线性的相关程度的强弱，并用适当的统计指标表示。

相关性分析方法主要有直接绘制散点图、绘制散点图矩阵、计算相关系数。

案例 2：农产品生产价格指数数据相关性分析。代码如下：

```
# 相关系数矩阵,即给出了任意两个农产品生产价格指数之间的相关系数
print(data.corr())
# 只显示"稻谷生产价格指数"与其他农产品生产价格指数的相关系数
print(data.corr()[u'稻谷生产价格指数'])
# 计算"稻谷生产价格指数"与"玉米生产价格指数"的相关系数
print(data[u'稻谷生产价格指数'].corr(data[u'玉米生产价格指数']))
```

### 9.1.3　数据转换

在 Python 中，数据转换主要包括数据类型转换、数据编码、数据标准化和归一化等。以下是一些常见的数据转换方法：

#### 9.1.3.1　数据类型转换

主要是对数据进行规范化的操作，将数据转换成"适当的"格式，以适用于挖掘任务及算法的需要。

（1）int。如果函数调用 int( )，括号内没有值，给变量赋值 0，如果有值，将 float、bool、str 类型的数据转换为 int 类型。将 float 类型转换为 int 类型时，去除小数点后面的数；将 bool 类型转换为 int 类型时，False 变为 0，True 变为 1；将 str 类型直接转换为 int 类型。

（2）float。如果函数调用 float( )，括号内没有值，给变量赋值 0.0，如果有值，将 int、bool、str 类型的数据转换为 float 类型数据。将 int 类型转换为 float 时，在末尾添加小数位；将 bool 类型转换为 float 时，False 变为 0.0，True 变为 1.0；将 str 类型直接转换为 float 类型。

（3）bool。如果函数调用 bool( )，括号内没有值，给变量赋值 False，如果有值，将 int、float、str 类型的数据转换为 bool 类型。将 int 类型转换为 bool 类型时，0 变为 False，其他数据变为 True；将 float 类型转换为 bool 时，0.0 变为 False，其他数据变为 True；将 str 类型转换为 bool 类型时，不存在数据则变为 False，存在数据则变为 True。

（4）str。如果函数调用 str( )，括号内没有值，给变量赋值为空，如果有值，将 int、float、bool、list、tuple、set、dict 类型的数据转换为 str 类型。

（5）list。如果函数调用 list( )，括号内没有值，给变量赋值一个空的列表，如果有值，将 tuple、set、dict 类型的数据转换为 list 类型。其中，将 dict 类型转换为 list 类型时，获取的列表中存储的值是 dict 类型变量的 key 值。

（6）tuple。如果函数调用 tuple( )，括号内没有值，给变量赋值一个空的元组，如果有值，将 list、set、dict 类型的数据转换为 tuple 类型。其中，将 dict 类型转换为 tuple 类型时，获取的元组中存储的值是 dict 类型变量的 key 值。

（7）set。如果函数调用 set( )，括号内没有值，给变量赋值一个 set( )，如果有值，将 list、tuple、dict 类型的数据转换为 set 类型。其中，将 dict 类型转换为 set 类型时，获取的元组中存储的值是 dict 类型变量的 key 值。

（8）dict。如果函数调用 dict( )，括号内没有值，给变量赋值一个空的字典。

在 Python 中使用的格式如下：

```
print('转换结果为:',np.float64(42))    # 整型转换为浮点型
print('转换结果为:',np.int8(42.0))     # 浮点型转换为整型
print('转换结果为:',np.bool(42))       # 整型转换为布尔型
print('转换结果为:',np.bool(0))        # 整型转换为布尔型
print('转换结果为:',np.float(True))    # 布尔型转换为浮点型
print('转换结果为:',np.float(False))   # 布尔型转换为浮点型
```

结果如下：

```
转换结果为:42.0
转换结果为:42
转换结果为:True
转换结果为:False
转换结果为:1.0
转换结果为:0.0
```

### 9.1.3.2 数据编码

对于分类数据，需要进行数字化处理，以便用于建模分析。

使用泰坦尼克号数据 df 获取 sex 的值，并用 0 和 1 分别代表男性和女性，在 Python 中使用的格式如下：

```
df["Sex"].value_counts()
```

结果如下：

```
male      577
female    314
Name:Sex,dtype:int64
```

数据转换代码如下：

```
df.loc[df['Sex']=='male','Sex']='1'
df.loc[df['Sex']=='female','Sex']='0'
df["Sex"].value_counts()
```

结果如下：

```
1     577
0     314
Name：Sex，dtype：int64
```

获取 Embarked 的值，用 0、1、2 分别表示 S、C、Q：

```
df［"Embarked"］.value_counts（）
```

结果如下：

```
S     646
C     168
Q     77
Name：Embarked，dtype：int64
```

数据转换代码如下：

```
df.loc［df［'Embarked'］＝＝'S'，'Embarked'］＝'0'
df.loc［df［'Embarked'］＝＝'C'，'Embarked'］＝'1'
df.loc［df［'Embarked'］＝＝'Q'，'Embarked'］＝'2'
df［"Embarked"］.value_counts（）
```

结果如下：

```
0     646
1     168
2     77

Name：Embarked，dtype：int64
```

### 9.1.3.3　数据标准化

数据标准化（归一化）处理是数据挖掘的一项基础工作，不同评价指标往往具有不同的量纲和单位，数值间的差别可能很大，不进行处理可能会影响数据分析的结果，为了消除指标之间的量纲和大小不一的影响，需要进行数据标准化处理，将数据按照比例进行缩放，使之落入一个特定的区域，从而进行综合分析。例如，将工资收入属性值映射到 [-1，1] 或者 [0，1]。

下面介绍两种规范化方法：最小-最大规范化（归一化）、零-均值规范化（标准化）：

（1）最小-最大规范化，也称为离差标准化，是对原始数据的线性变换，使结果值映射到 [0，1]。

获取 Fare（票价）的值，对其做规范化处理，在 Python 中使用的格式如下：

```
data = df.loc[ : , [ 'Fare ' ] ]
data
```

保存基本统计量：

```
statistics = data.describe( )    # 保存基本统计量
statistics
```

结果如表 9-4 所示。

表 9-4　保存基本统计量后的结果

| count | 896. 000000 |
| --- | --- |
| mean | 37. 272637 |
| std | 97. 830000 |
| min | 0. 000000 |
| 25% | 7. 925000 |
| 50% | 14. 458300 |
| 75% | 31. 068750 |
| mxa | 2000. 000000 |

定义票价的极差：

```
statistics.loc[ 'range ' ] = statistics.loc[ 'max ' ] −statistics.loc[ 'min ' ]
statistics.loc[ 'range ' ]
```

结果如下：

```
Fare      2000.0
Name：range，dtype：float64
```

创建归一化的数据列：

data['归一化'] = ''

归一化处理：

data.loc[:,'归一化'] = (data.loc[:,'Fare'] - statistics.loc['min'])/statistics.loc['range']

使用 Sklearn 提供的方法对学生个人信息表进行数据归一化，关键代码如下：

```
from sklearn import preprocessing
import pandas as pd
pd.read_excel(''stutent.xls'')
df = DF.loc[0:4,'年龄':'体重']
print(df)
scaler = preprocessing.MinMaxScaler(feature_range=(0,5)).fit(df)
# 将每个特征值归一化到一个固定范围
scaler.transform(df)
```

输出结果如下：

```
array([[3.125     ,1.2244898,1.58119658],
       [3.75      ,2.95918367,3.37606838],
       [5.        ,5.        ,5.        ],
       [1.25      ,0.        ,0.47008547],
       [0.        ,0.30612245,0.        ]])
```

（2）零-均值规范化，也叫标准差标准化，经过处理的数据的平均数为 0，标准差为 1。

例如，如果我们的一维数据集的值为 [1, 2, 3, 4, 5]，则标准化结果为：

1→-1.41

2→-0.71

3→0.0

4→0.71

5→1.41

通过等式 $z = (x-\mu)/\sigma$ 进行计算，其中，$\mu$ 是样本均值，$\sigma$ 是标准差。代

码如下：

```
# 按照公式计算
ary = np.array([1,2,3,4,5])
ary_standardized = (ary-ary.mean())/ary.std()
ary_standardized
```

输出结果如下：

```
array([-1.41421356,-0.70710678,0.,0.70710678,1.41421356])
```

使用 Sklearn 提供的方法对学生个人信息表进行数据标准化，代码如下：

```
import numpy as np
import pandas as pd
import matplotlib.pyplot as plt
from pandas import Series,DataFrame
DF = pd.read_excel('student.xls')
# 使用 sklearn 提供的方法进行数据标准化
from sklearn import preprocessing
df = DF.loc[0:4,'年龄':'体重']
print(df)
scaler11 = preprocessing.StandardScaler()    # sklearn 实现标准化的 transformer
对象
scaler = scaler11.fit(df)    # 基于 mean 和 std 的标准化
newo = scaler.transform(df)
newo
```

输出结果如下：

```
array([[0.28005602,-0.36165605,-0.27052838],
       [0.63012604,0.56988226,0.69236924],
       [1.33026608,1.66580969,1.56356231],
       [-0.77015405,-1.01921251,-0.86660785],
       [-1.47029409,-0.85482339,-1.11879532]])
```

## 9.2　数据探索性分析实例

此部分结合 2017 年 CGSS 调查数据进行分析，数据主要字段说明如表 9-5 所示。

### 9.2.1　描述性统计分析

使用 describe（ ）方法即可查看数据的基本情况，代码如下：

```
import pandas as pd
import numpy as np
from pandas import Series,DataFrame
df = pd.read_excel('sport.xls ')    # 读取数据,指定"id"列为索引列
df.describe( )
```

部分结果如表 9-6 所示。

了解数据大小，代码如下：

```
df.shape
```

结果如下：

```
(12582,17)
```

了解数据类型，代码如下：

```
df.info( )
```

结果如下：

```
<class 'pandas.core.frame.DataFrame '>
RangeIndex:12582 entries,0 to 12581
Data columns( total 17 columns) :
id           12582 non-null int64
性别           12582 non-null object
```

表 9-5　主要字段说明

| id | 性别 | 出生年份 | 身高（厘米） | 体重（斤） | 健康状况 | 上年总收入（元） | 受教育程度 | 政治面貌 | 户口所在地 | 体育参与 | 社交活动 | 主观幸福感 | 社会经济地位 | 社会医疗保险 | 养老保险 | 婚姻状况 |
|---|---|---|---|---|---|---|---|---|---|---|---|---|---|---|---|---|
| 2 | 男 | 1956 | 160 | 146 | 一般 | 70000 | 15 | 0 | 1 | 每天 | 3 | 3 | 2 | 1 | 1 | 初婚有配偶 |
| 3 | 女 | 1988 | 160 | 150 | 一般 | 50000 | 16 | 0 | 1 | 一年数次或更少 | 2 | 4 | 2 | 1 | 1 | 初婚有配偶 |
| 4 | 男 | 1949 | 170 | 140 | 很健康 | 10000 | 6 | 0 | 0 | 从不 | 2 | 4 | 1 | 0 | 0 | 丧偶 |
| 5 | 男 | 1958 | 174 | 132 | 一般 | 60000 | 12 | 1 | 1 | 一月数次 | 2 | 4 | 1 | 1 | 1 | 初婚有配偶 |
| 8 | 女 | 1995 | 166 | 110 | 一般 | 2000 | 16 | 0 | 1 | 一月数次 | 3 | 4 | 3 | 1 | 0 | 同居 |
| 9 | 女 | 1980 | 163 | 150 | 很健康 | 0 | 16 | 0 | 1 | 一周数次 | 4 | 4 | 3 | 1 | 1 | 离婚 |
| 10 | 女 | 1987 | 160 | 70 | 比较健康 | 150000 | 160 | 1 | 1 | 一年数次或更少 | 3 | 4 | 2 | | 1 | 初婚有配偶 |
| 11 | 男 | 1980 | 168 | 70 | 一般 | 40000 | 9 | 1 | 0 | 从不 | 2 | 4 | 2 | 1 | 1 | 初婚有配偶 |
| 12 | 男 | 1979 | 173 | 180 | 很健康 | 100000 | 15 | 1 | 1 | 一周数次 | 1 | 4 | 3 | 1 | 1 | 初婚有配偶 |
| 15 | 男 | 1979 | 170 | 150 | 很健康 | 120000 | 16 | 1 | 1 | 一周数次 | 3 | 4 | 3 | 1 | 0 | 再婚有配偶 |
| 16 | 女 | 1961 | 157 | 142 | 比较不健康 | 20000 | 12 | 0 | 1 | 一月数次 | 3 | 4 | 2 | 1 | 1 | 初婚有配偶 |
| 18 | 男 | 1936 | 175 | 155 | 一般 | | 9 | 0 | 1 | 从不 | 1 | 4 | 3 | 1 | 1 | 丧偶 |
| 23 | 女 | 1991 | 156 | 108 | 比较健康 | 100000 | 16 | 0 | 0 | 一周数次 | 2 | 4 | 2 | 1 | 1 | 未婚 |
| 25 | 男 | 1976 | 170 | 144 | 比较健康 | 100000 | 12 | 0 | 0 | 一周数次 | 3 | 5 | 2 | 1 | 1 | 初婚有配偶 |
| 26 | 男 | 1964 | 178 | 146 | 一般 | 30000 | 12 | 0 | 1 | 从不 | 2 | 4 | 1 | 1 | 1 | 初婚有配偶 |
| 27 | 男 | 1984 | 170 | 130 | 很健康 | 90000 | 16 | 0 | 1 | 一月数次 | 3 | 4 | 3 | 1 | 1 | 未婚 |

续表

| id | 性别 | 出生年份 | 身高（厘米） | 体重（斤） | 健康状况 | 上年总收入（元） | 受教育程度 | 政治面貌 | 户口所在地 | 体育参与 | 社交活动 | 主观幸福感 | 社会经济地位 | 社会医疗保险 | 养老保险 | 婚姻状况 |
|---|---|---|---|---|---|---|---|---|---|---|---|---|---|---|---|---|
| 28 | 女 | 1967 | 160 | 120 | 比较健康 | 50000 | 15 | 0 | 1 | 一周数次 | 4 | 4 | 3 | 1 | 1 | 未婚 |
| 29 | 女 | 1988 | 168 | 110 | 比较健康 | 200000 | 16 | 0 | 1 | 一周数次 | 4 | 4 | 3 | 1 | 1 | 未婚 |
| 30 | 男 | 1953 | 178 | 144 | 比较健康 | 200000 | 15 | 0 | 1 | 每天 | 3 | 4 | 4 | 1 | 1 | 再婚有配偶 |
| 31 | 男 | 1994 | 178 | 120 | 比较健康 | 100000 | 12 | 0 | 1 | 每天 | 4 | 5 | 2 | 1 | 1 | 同居 |

表 9-6　部分结果

| | id | 出生年份 | 身高（厘米） | 体重（斤） | 上年总收入（元） | 受教育程度 | 政治面貌 | 户口所在地 | 社交活动 | 主观幸福感 |
|---|---|---|---|---|---|---|---|---|---|---|
| count | 12582.000000 | 12582.000000 | 12582.000000 | 12582.000000 | 1.190000e+04 | 12582.000000 | 12572.000000 | 12582.000000 | 12580.000000 | 12561.000000 |
| mean | 7591.971547 | 1965.990939 | 163.911149 | 122.524797 | 4.191316e+04 | 9.056509 | 0.111756 | 0.462168 | 2.722973 | 3.855346 |
| std | 4176.826938 | 16.863651 | 8.157567 | 23.593026 | 2.505675e+05 | 4.816701 | 0.315079 | 0.498587 | 1.056838 | 0.851103 |
| min | 2.000000 | 1914.000000 | 100.000000 | 35.000000 | 0.000000e+00 | 0.000000 | 0.000000 | 0.000000 | 1.000000 | 1.000000 |
| 25% | 4037.250000 | 1953.000000 | 158.000000 | 108.000000 | 3.000000e+03 | 6.000000 | 0.000000 | 0.000000 | 2.000000 | 4.000000 |
| 50% | 7576.500000 | 1965.000000 | 164.000000 | 120.000000 | 2.000000e+04 | 9.000000 | 0.000000 | 0.000000 | 3.000000 | 4.000000 |
| 75% | 11261.750000 | 1979.000000 | 170.000000 | 138.000000 | 4.500000e+04 | 12.000000 | 0.000000 | 1.000000 | 3.000000 | 4.000000 |
| max | 14793.000000 | 1999.000000 | 193.000000 | 260.000000 | 1.000000e+07 | 19.000000 | 1.000000 | 1.000000 | 5.000000 | 5.000000 |

| | |
|---|---|
| 出生年份 | 12582 non-null int64 |
| 身高（厘米） | 12582 non-null float64 |
| 体重（斤） | 12582 non-null float64 |
| 健康状况 | 12582 non-null object |
| 上年总收入（元） | 11900 non-null float64 |
| 受教育程度 | 12582 non-null int64 |
| 政治面貌 | 2572 non-null float64 |
| 户口所在地 | 12582 non-null int64 |
| 体育参与 | 12565 non-null object |
| 社交活动 | 12580 non-null float64 |
| 主观幸福感 | 12561 non-null float64 |
| 社会经济地位 | 12485 non-null float64 |
| 社会医疗保险 | 12514 non-null float64 |
| 养老保险 | 12370 non-null float64 |
| 婚姻状况 | 12582 non-null object |

dtypes: float64(9), int64(4), object(4)

memory usage: 1.6+MB

### 9.2.2 数据清洗

#### 9.2.2.1 处理重复值

判断每一行数据是否重复（完全相同），代码如下：

```
df.duplicated()
```

如果上述的返回值为 False，则表示不重复；返回值为 True，表示重复。

针对不同的重复数据和运算目的，可以采用不同去除重复值的方式，具体如下：

去除全部的重复数据：

```
df.drop_duplicates()
```

去除指定列的重复数据：

```
df.drop_duplicates(['id'])# 用 id 举例
```

保留重复行的最后一行：

```
df.drop_duplicates(['id'],keep='last')
# 还可以使用 keep='first'，来保留第一行
```

### 9.2.2.2　处理缺失值

（1）总体分析。对缺失值做简单统计分析，代码如下：

```
df.isnull()# 检测空值
df.isnull().sum()# 统计缺失值个数
```

结果如下：

```
id                  0
性别                 0
出生年份             0
身高(厘米)           0
体重(斤)            0
健康状况            0
上年总收入(元)       682
受教育程度          0
政治面貌           10
户口所在地          0
体育参与           17
社交活动           2
主观幸福感          21
社会经济地位         97
社会医疗保险         68
养老保险          212
婚姻状况           0
dtype:int64
```

由结果可知，社会医疗保险和养老保险、社会经济地位、上年总收入字段有

较多缺失值，政治面貌、体育参与、社交活动、主观幸福感字段有缺失值较少。

删除掉全是空值的列和行，代码如下：

```
df.dropna(axis="columns",how='all',inplace=True).notnull()
# 删除掉全是空值的列
df.dropna(axis="index",how='all',inplace=True)
# 删除掉全是空值的行
df.shape
```

结果如下：

```
(12582,17)
```

（2）众数填充。检查特定行如政治面貌的空值，代码如下：

```
df["政治面貌"].isnull()
df["政治面貌"].notnull()
df.loc[df["政治面貌"].notnull(),:]
```

政治面貌列为空的填充为众数，代码如下：

```
df["政治面貌"].value_counts()
```

结果如下：

```
0.0     11167
1.0     1405
Name:政治面貌,dtype:int64
```

缺失值由众数填充，代码如下：

```
df.loc[:,'政治面貌']=df['政治面貌'].fillna('0')
```

社会医疗保险列为空的填充为众数，代码如下：

```
df["社会医疗保险"].value_counts()
```

结果如下：

1.0　　　11550

0.0　　　964

Name：社会医疗保险，dtype：int64

缺失值由众数填充，代码如下：

```
df.loc[ : ,'社会医疗保险'] = df['社会医疗保险'].fillna('1 ')
```

体育参与列为空的填充为众数，代码如下：

```
df["体育参与"].value_counts( )
```

结果如下：

从不　　　　　5689

每天　　　　　2187

一周数次　　　　2148

一年数次或更少　　1493

一月数次　　　　1048

Name：体育参与，dtype：int64

缺失值由众数填充，代码如下：

```
df.loc[ : ,'体育参与'] = df['体育参与'].fillna('从不')
```

（3）删除。养老保险属性不适合本书群体，因此删除，代码如下：

```
df.drop( labels = '养老保险',axis = 1,inplace = True)
```

（4）均值填充。属性中有缺失，通过计算该属性的均值将缺失处填补，使数据的数量一致。

将列为空的填充为 0，代码如下：

```
df.fillna( {"主观幸福感" :0} )
df.fillna( {"上年总收入" :0} )
df.describe( )
```

均值填充的代码如下：

```
df.loc[:,'主观幸福感']=df['主观幸福感'].fillna(3.855346)
df.loc[:,'上年总收入']=df['上年总收入'].fillna(4.191316e+04)
df
```

（5）中位数填充。属性中有缺失，通过计算该属性的中位数将缺失处填补，使数据的数量一致。

将列为空的填充为 0，代码如下：

```
df.fillna({"社会经济地位":0})
df.fillna({"社交活动":0})
```

均值填充的代码如下：

```
df.loc[:,'社会经济地位']=df['社会经济地位'].fillna(2)
df.loc[:,'社交活动']=df['社交活动'].fillna(3)
```

查看数据缺失值情况，代码如下：

```
df.isnull().sum()
```

结果如下：

```
id              0
性别              0
出生年份           0
身高（厘米）        0
体重（斤）         0
健康状况          0
上年总收入（元）      0
受教育程度         0
政治面貌          0
户口所在地         0
体育参与          0
社交活动          0
主观幸福感         0
```

社会经济地位　　　0

社会医疗保险　　　0

婚姻状况　　　　　0

dtype：int64

#### 9.2.2.3　异常值检测

导入数据库，代码如下：

```
import matplotlib.pyplot as plt    # 导入图像库
plt.rcParams[ 'font.sans-serif' ] = [ 'SimHei' ]    # 用来正常显示中文标签
plt.rcParams[ 'axes.unicode_minus' ] = False    # 用来正常显示负号
```

通过画出箱形图判断异常值，具体如下：

对身高体重的数据分析，代码如下：

```
data1 = df.loc[ : , [ '身高( 厘米)','体重( 斤)' ] ]
plt.figure( )    # 建立图像
p = data1.boxplot( return_type = 'dict' )    # 画箱形图,直接使用 DataFrame 的方法
y = p[ 'fliers' ][ 0 ].get_xdata( )    # 'flies '即为异常值的标签
y.sort( )    # 从小到大排序,该方法直接改变原对象
plt.show( )    # 展示箱形图
```

结果如图 9-3 所示。

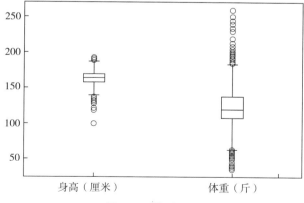

图 9-3　检测结果

两者均出现离散值，单独详细分析判断如下：

```
data2 = df.loc[:,['身高（厘米）']]
plt.figure()    # 建立图像
p = data2.boxplot(return_type = 'dict')    # 画箱形图,直接使用 DataFrame 的方法
y = p['fliers'][0].get_xdata()    # 'flies '即为异常值的标签
y.sort()    # 从小到大排序,该方法直接改变原对象
plt.show()    # 展示箱形图
```

身高结果如图 9-4 所示。

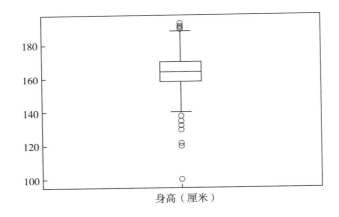

**图 9-4 身高结果**

对体重数据分析，代码如下：

```
data3 = df.loc[:,['体重（斤）']]
plt.figure()    # 建立图像
p = data3.boxplot(return_type = 'dict')    # 画箱形图,直接使用 DataFrame 的方法
y = p['fliers'][0].get_xdata()    #'flies '即为异常值的标签
y.sort()    # 从小到大排序,该方法直接改变原对象
plt.show()    # 展示箱形图
```

结果如图 9-5 所示。

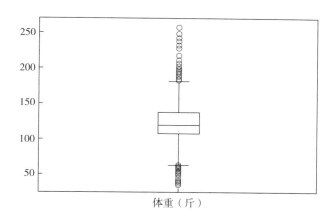

图 9-5　体重结果

为避免极端值的影响，按照常识对身高、体重的极端值进行处理，代码如下：

$$df.drop(index=(df.loc[(df['体重(斤)']>200)].index),inplace=True)$$
$$df.drop(index=(df.loc[(df['体重(斤)']<50)].index),inplace=True)$$

### 9.2.3　数据转换

9.2.3.1　属性构造

年龄=2017-出生年份，代码如下：

$$df['年龄']=2017-df['出生年份']$$

对年龄的数据处理情况进行展示，代码如下：

```
data=df.loc[:,['年龄']]
plt.figure()    # 建立图像
p=data.boxplot(return_type='dict')    # 画箱形图,直接使用 DataFrame 的
方法
x=p['fliers'][0].get_xdata()    # 'flies'即为异常值的标签
x.sort()    # 从小到大排序,该方法直接改变原对象
plt.show()    # 展示箱形图
```

结果如图 9-6 所示。

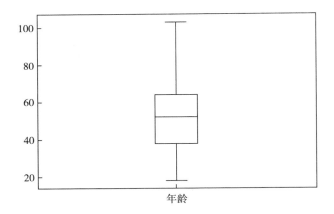

**图 9-6 对年龄的数据处理结果**

年龄列数据符合现实情况，无极端值出现，因此不做处理。

9.2.3.2 简单函数变换

以对数处理收入相关数值较大的变量，代码如下：

```
df.loc[df['上年总收入']==0,'上年总收入']=1
df['lnincome']=np.log(df['上年总收入'])
```

同理做异常值检测，代码如下：

```
data4=df.loc[:,['lnincome']]
plt.figure()    # 建立图像
p=data4.boxplot(return_type='dict')    # 画箱形图,直接使用 DataFrame 的方法
y=p['fliers'][0].get_xdata()    #  'flies'即为异常值的标签
y.sort()    # 从小到大排序,该方法直接改变原对象
plt.show()    # 展示箱形图
```

结果如图 9-7 所示。

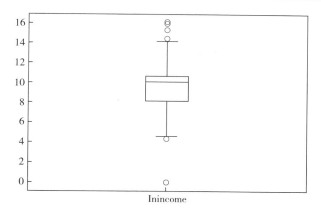

图 9-7　异常值检测结果

数据符合现实情况，因此不做处理。

### 9.2.3.3　数据编码

获取性别的值，并用 1 和 0 分别代表男性和女性，在 Python 中使用的格式如下：

```
df["性别"].value_counts()
```

结果如下：

```
女    6628
男    5904
Name：性别，dtype：int64
```

数据转换代码如下：

```
df.loc[df['性别']=='男','性别']='1'
df.loc[df['性别']=='女','性别']='0'
df["性别"].value_counts()
```

结果如下：

```
0    6628
1    5904
Name：性别，dtype：int64
```

获取婚姻状况的值，用 0 和 1 分别表示其他和已婚（有配偶），代码如下：

```
df["婚姻状况"].value_counts()
```

结果如下：

```
初婚有配偶      9118
未婚          1308
丧偶          1244
离婚           298
再婚有配偶       250
同居          241
分居未离婚        73
Name:婚姻状况,dtype:int64
```

数据转换代码如下：

```
df.loc[df['婚姻状况']=='未婚','婚姻状况']='0'
df.loc[df['婚姻状况']=='同居','婚姻状况']='0'
df.loc[df['婚姻状况']=='离婚','婚姻状况']='0'
df.loc[df['婚姻状况']=='丧偶','婚姻状况']='0'
df.loc[df['婚姻状况']=='初婚有配偶','婚姻状况']='1'
df.loc[df['婚姻状况']=='再婚有配偶','婚姻状况']='1'
df.loc[df['婚姻状况']=='分居未离婚','婚姻状况']='1'
df["婚姻状况"].value_counts()
```

结果如下：

```
1     9441
0     3091
Name:婚姻状况,dtype:int64
```

#### 9.2.3.4 数据规范化

利用统计量计算，对身高做标准化以及归一化处理，在 Python 中使用的格式如下：

保存基本统计量，代码如下：

statistics＝data2.describe()　　# 保存基本统计量

statistics

结果如表 9-7 所示。

表 9-7　保存基本统计量

| count | 12532. 000000 |
|---|---|
| mean | 163. 896112 |
| std | 8. 140760 |
| min | 100. 000000 |
| 25% | 158. 000000 |
| 50% | 164. 000000 |
| 75% | 170. 000000 |
| max | 193. 000000 |

定义极差，代码如下：

statistics.loc['range']＝statistics. loc['max']−statistics.loc['min']

statistics.loc['range']

结果如下：

身高(厘米)　　　　93. 0

Name：range，dtype：float64

创建归一化的数据列，代码如下：

data2['归一化']＝0

归一化处理，代码如下：

data2.loc[：,'归一化']＝(data2.loc[：,'身高(厘米)']−statistics.loc['min'])/
statistics.loc['range']

data2

部分结果如表 9-8 所示。

表 9-8   归一化处理结果

| 序号 | 身高（厘米） | 归一化 |
|------|------------|--------|
| 0 | 160.0 | 0.645161 |
| 1 | 160.0 | 0.645161 |
| 2 | 170.0 | 0.752688 |
| 3 | 174.0 | 0.795699 |
| 4 | 166.0 | 0.709677 |
| 5 | 163.0 | 0.677419 |
| 6 | 160.0 | 0.645161 |
| 7 | 168.0 | 0.731183 |
| 8 | 173.0 | 0.784946 |
| 9 | 170.0 | 0.752688 |
| 10 | 157.0 | 0.612903 |

创建标准化的数据列，代码如下：

```
data2['标准化']=0
```

标准化处理，代码如下：

```
data2.loc[:,'标准化']=(data2.loc[:,'身高（厘米）']-statistics.loc['mean'])/statistics.loc['std']
```

部分结果如表 9-9 所示。

表 9-9   标准化处理结果

| 序号 | 身高（厘米） | 归一化 | 标准化 |
|------|------------|--------|--------|
| 0 | 160.0 | 0.645161 | −0.478593 |
| 1 | 160.0 | 0.645161 | −0.478593 |
| 2 | 170.0 | 0.752688 | 0.749793 |
| 3 | 174.0 | 0.795699 | 1.241148 |
| 4 | 166.0 | 0.709677 | 0.258439 |
| 5 | 163.0 | 0.677419 | −0.110077 |
| 6 | 160.0 | 0.645161 | −0.478593 |

续表

| 序号 | 身高（厘米） | 归一化 | 标准化 |
|------|------------|----------|-----------|
| 7 | 168.0 | 0.731183 | 0.504116 |
| 8 | 173.0 | 0.784946 | 1.118309 |
| 9 | 170.0 | 0.752688 | 0.749793 |
| 10 | 157.0 | 0.612903 | −0.847109 |

使用 Sklearn 提供的方法进行数据规范化，具体如下：

标准化处理，代码如下：

```
from sklearn.impute import SimpleImputer # 导入模块
# 使用 sklearn 提供的方法进行数据标准化
from sklearn import preprocessing
DF = df.loc[ : ,'身高(厘米)':'体重(斤)']
print(DF)
scaler11 = preprocessing.StandardScaler()    # sklearn 实现标准化的 transformer 对象
scaler = scaler11.fit(DF)    # 基于 mean 和 std 的标准化
newo = scaler.transform(DF)
newo
```

输出结果如下：

```
array([[−0.47861228,   1.0292658],
       [−0.47861228,   1.20388247],
       [0.74982324,   0.7673408],
       ...,
       [0.74982324,   0.33079913],
       [−0.11008163,   0.15618247],
       [−0.47861228,−0.97882587]])
```

归一化处理，代码如下：

```
from sklearn import preprocessing
import pandas as pd
scaler = preprocessing.MinMaxScaler(feature_range = (0,5)).fit(DF)
# 将每个特征值归一化到一个固定范围
scaler.transform(DF)
```

输出结果如下：

```
array([[3.22580645,3.2        ],
       [3.22580645,3.33333333],
       [3.76344086,3.        ],
       ...,
       [3.76344086,2.66666667],
       [3.38709677,2.53333333],
       [3.22580645,1.66666667]])
```

### 9.2.4　数据可视化分析

连续性变量分析，如收入的直方图展示，代码如下：

```
plt.figure(figsize = (12,5))
plt.hist(df['lnincome'],bins = 100)
plt.show()
```

输出结果如图 9-8 所示。

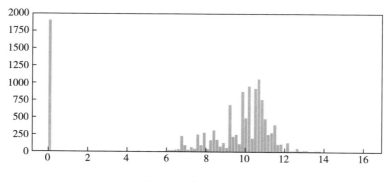

**图 9-8　直方图展示**

分类变量分析，如体育参与的饼形图展示，具体如下：

对不同分类计数，代码如下：

```
df["体育参与"].value_counts()
```

输出结果如下：

```
从不              5689
每天              2178
一周数次           2133
一年数次或更少        1490
一月数次           1042
Name:体育参与,dtype:int64
```

建立数据，代码如下：

```
d={'体育参与':['从不','每天','一周数次','一年数次或更少','一月数次'],'人数':[5689,2178,2133,1490,1042]}
data=DataFrame(d)
```

绘制饼形图，代码如下：

```
# 定义饼的标签
labels=['从不','一年数次或更少','一月数次','一周数次','每天']
# 每个标签所占的数量
x=[5689,1490,1042,2133,2178]
# 饼形图分离
explode=(0.02,0.02,0.02,0.02,0.2)
# 设置阴影效果
# plt.pie(x,labels=labels,autopct='%3.2f%%',explode=explode,shadow=True)
plt.pie(x,labels=labels,autopct='%3.2f%%',explode=explode,labeldistance=1.45,pctdistance=1.3)
plt.legend(loc='best')
```

结果如图 9-9 所示。

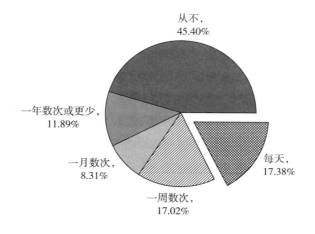

**图 9-9　饼形图展示**

## 9.3　本章小结

　　本章主要结合实际案例使用前几节所学知识进行探索性分析，包括缺失值、重复值、异常值处理，数据转换、数据标准化等数据清洗与转换，以及单变量和多变量等的数据特征探索。

　　首先是数据清洗，通过了解脏数据产生的原因和影响，我们学习了使用 Python 的 Pandas 库提供的函数对数值做简单统计分析，并指出不同处理方式，如处理缺失值的方法可分为三类：删除记录、数据插补和不处理。其次是数据特征探索，主要包括统计分析和数据可视化，我们通过掌握不同的数据特征探索方式，可以获取变量的不同特征，包括集中趋势、离中趋势、分布特征、分布类型和相关性等。最后我们详细介绍了数据转换的基本概念和类型，且重点学习了如何完成数据转换。

　　为了实现知识点学习和代码实操的融合，在每个知识点后展示了不同案例的操作过程，第 2 节的实例分析更有总结和串联起本章叙述的所有知识点的作用，可以帮助我们了解完整的数据探索性分析过程。

　　通过本章的学习，我们从数据处理入手，掌握了数据分析和建模的前期过程，也通过图形分析和统计检验探索了数据间的关联性。本章是保障数据挖掘分析结论有效性和准确性的基础，主要是对数据进行规范化的操作以完成挖掘任务。

**思考题**

1. 缺失值的处理方法之一是数据插补，常见的数据插补方法有哪些？具体内涵是什么？

2. 异常值分析方法主要有简单统计量分析、$3\sigma$ 原则、箱形图分析，对比分析以上三种方法的适用性、优缺点。

3. 从 Sklearn 中加载波士顿房屋价格数据集（load_ boston），查看各变量的相关性，观察"每栋住宅的房间数（RM）"与"价格（PRICE）"的关系，并绘制折线图。

4. 餐饮系统中的销量数据可能出现缺失值，表 9-10 为某餐厅一段时间的销售额，其中有一天的数据缺失，使用向前和向后方法对缺失值进行填充。

表 9-10　某餐厅一段时间的销售额

| 时间 | 2015/2/25 | 2015/2/24 | 2015/2/23 | 2015/2/22 | 2015/2/21 | 2015/2/20 |
|---|---|---|---|---|---|---|
| 销售额（元） | 3442.1 | 3393.1 | 3136.6 | 3744.1 | 6607.4 | 4060.3 |
| 时间 | 2015/2/19 | 2015/2/18 | 2015/2/16 | 2015/2/15 | 2015/2/14 | 2015/2/13 |
| 销售额（元） | 3614.7 | 3295.5 | 2332.1 | 2699.3 | 空值 | 3036.8 |

**练习题**

1. 案例数据"泰坦尼克号"来自 Seaborn 自带的数据库，可以通过 Seaborn 提供的函数 load_ dataset（"数据集名称"）来获取完整数据集，检查原始数据中是否存在脏数据，对数据中的缺失值、异常值和一致性进行分析。

2. 依据"泰坦尼克号"数据构造年龄分组变量，汇总不同年龄段的幸存率，同时进行幸存率与年龄的可视化分析，并按照以上步骤计算各等级船舱对应的平均生还率。

3. 根据中国国民经济和社会发展统计公报，收集 2012~2022 年火电、水电、核电、风电和太阳能的发电量数据并制成表格，对其中各年发电量数据特征进行探索，包括描述性统计分析、单变量分析和多变量分析。

4. 依据上述数据构造太阳能发电量增加值以及比率值，并对其进行归一化和标准化处理。

# 第10章 基于机器学习的数据分析

在数字经济、大数据分析背景下，人工智能的重要性逐渐凸显，人工智能是一类非常广泛的问题，机器学习是解决这类问题的一个重要手段，深度学习则是机器学习的一个分支。在很多人工智能问题上，深度学习的方法突破了传统机器学习方法的瓶颈，推动了人工智能领域的发展。综合社科经管类专业的特点，本章主要介绍机器学习基本概念和实现流程，提升学生的数据分析能力，使其掌握前沿分析技术。

## 10.1 机器学习基本原理

机器学习与传统的统计学、计量经济学等方法既有联系、有交叉，又有区别。例如，机器学习的很多原理与统计学一脉相承，进行机器学习的要求之一就是要先掌握基本的统计学知识（如方差、相关关系、T检验等）。机器学习可视为统计学和计算机科学的结合，其在基本的统计学原理基础上进行拓展和延伸，更关注算法。同时，从方法论上看，计量经济学可视为机器学习的一个分支，机器学习的算法更加丰富，应用场景更多。从研究目的上看，计量经济学更加注重变量之间的因果推断，是社会经济学科的主要研究方法，而机器学习更加注重数据模型的预测功能。综合来看，学习详细的机器学习原理需要较为扎实的数学功底，但本章旨在引导学生掌握数据分析的流程和基本功能，会省略大量的数据基础介绍，着重强调机器学习的实现过程。

### 10.1.1　原理与主要应用方向

#### 10.1.1.1　机器学习概念

机器学习是一种自动建立分析模型的数据分析方法，其通过计算机算法从数据中学习规律，并利用这些规律进行预测或决策。它是大数据分析中的关键组成部分，涵盖了从数据预处理到模型评估的全过程。机器学习的核心原理是通过算法从数据中提取模式，这些算法可以是有监督的，也可以是无监督或者是半监督的。

与人类学习相比，机器学习是自动分析数据获得模型，并利用模型对未知数据进行预测。人可以通过教育培训、工作经验和生活经验形成自己的知识体系，当面临新问题时，可以主观调用相关知识进行预判和解决问题。机器学习基于现有历史数据，进行数据模型的训练，获得算法和规律，从而具有预测和解决问题的能力。

#### 10.1.1.2　主要应用方向

机器学习的应用方向广泛且多样化，涵盖了许多行业和领域。在金融领域，机器学习用于信用评分、欺诈检测和风险管理，帮助银行和金融机构做出更精确的决策。在医疗保健中，机器学习用于疾病诊断、药物发现和个性化治疗，提高了诊断的准确性和治疗的效率。在零售和电子商务中，机器学习用于销售预测、库存管理和客户细分，增强了客户体验和业务效率。在交通和物流中，机器学习用于路线规划、交通流量预测和车辆调度，提高了运输的速度和可靠性。此外，机器学习还在教育、制造、农业等许多其他领域得到了应用，推动了这些领域的创新和改进。如今，机器学习正通过其强大的分析和预测能力，深刻地改变着我们的日常生活。

### 10.1.2　主要模型介绍

机器学习按照数据特点、学习目的和方式可以分为监督学习、无监督学习、半监督学习和深度学习。

#### 10.1.2.1　监督学习

从数据特征来看，监督学习算法是从带有标签的训练数据中学习。在这里，"标签"是指每个训练样本的期望输出。监督学习的数据由"特征值+目标值"组成，特征值可理解为解释变量、自变量，而目标值便是被解释变量、因变量。常见的监督学习模型包括线性回归、逻辑回归、决策树、支持向量机、神经网络等。

### 10.1.2.2　无监督学习

无监督学习算法是从未标记的数据中学习。这意味着训练数据没有任何标签，算法必须自行发现数据中的结构，即数据结构仅由"特征值"组成，需要算法自动学习寻找目标值。常见的无监督学习模型包括聚类、主成分分析器等。

### 10.1.2.3　半监督学习

半监督学习介于监督学习和无监督学习之间，算法是从部分标记的数据中学习。这意味着训练数据中的一部分样本有标签，而其他样本没有。半监督学习常被应用于数据标注成本较高或无法获取大量标注数据的场景。

### 10.1.2.4　深度学习

强化学习更接近生物学习的本质，因此有望获得更高的智能。它关注的是智能体如何在环境中采取一系列行为，从而获得最大的累计回报。通过强化学习，一个智能体应该知道在什么状态下应该采取什么行为，最典型的场景就是打游戏。

## 10.1.3　主要思路和实现过程

### 10.1.3.1　主要思路

机器学习的主要思路可以分为以下三个关键步骤：

（1）将社会经济生活中的现实问题抽象成数学模型，并且清楚模型中不同参数的作用。将现实问题抽象化是科学分析的第一步，错综复杂的社会现象难以在分析中被全部考虑和一一详尽，根据客观现象的规律和特征提取关键因素建立数学模型和设置参数有利于透过社会现象提炼关键本质。

（2）利用数学方法对这个数学模型进行求解。根据研究目的和数据特征选择合适的模型和算法进行求解，获得关键参数的信息和规律。

（3）评估这个数学模型实现效果如何。机器学习模型的实践效果如何需要评估，如果模型实现效果不好，可能需要重新选取关键因素和模型进行学习，从而达到服务于决策的目的。

### 10.1.3.2　主要实现过程

（1）获取数据。获取数据是机器学习项目的起点。这一阶段不仅涉及收集数据，还包括理解数据的来源和结构、确保数据的质量和完整性。数据可以来自各种渠道，如公开数据库、文件、外部 API 等。选择正确的数据和理解其背后的业务逻辑对于后续分析至关重要。

（2）数据基本处理。在这一阶段，数据科学家将对原始数据进行清洗和预处理。这包括处理缺失值、异常值和重复值，以及将数据转换为适当的格式。此外，可能需要将数据分割为训练、验证和测试集，以便在后续阶段进行模型训练和评估。这一阶段的目的是确保数据的质量和一致性，为后续分析打下坚实的基础。

（3）特征工程。特征工程是机器学习流程中的关键步骤之一。它涉及选择、转换和构造能够最好地表示问题的特征。这包括诸如特征选择（选择与目标变量最相关的特征）、特征提取（从原始数据中提取出能够代表数据主要特性的信息）、特征构造（创建新特征以捕获更多信息）和特征缩放（标准化或归一化特征）等任务。通过特征工程，可以将原始数据转换为机器学习模型可以理解的形式，从而提高模型的性能和解释性。

1）特征内涵。①数据的特征（feature）。在数据集中，一行数据我们称为一个样本；一列数据我们称为一个特征；有些数据有目标值（标签值），有些数据没有目标值。②数据类型构成："特征值+目标值"（目标值是连续的或离散的）；只有特征值，没有目标值。③数据属性（attribute），数据通常由多个特征及其特征值组合而成。

2）特征类型。不同数据类型具有不同处理方式，例如：

● 多分类型特征

定性数据或分类数据取值是一些符号或事物的名称。每个值代表某种类别、编码或状态。分类特征值并不具有有意义的序，并且不是定量的，均值或中位数没有意义，但是众数却是有意义的。

例子：颜色有红、黄、蓝，职业有医生、教师、厨师、记者等。

编码：常用哑元编码法，也叫独热（one-hot）编码法。假设总共有 3 种颜色，则每种颜色用 2 个 0 和 1 个 1 的 3 维向量来表示，比如，001、010、100。独热编码解决了分类器不好处理属性数据的问题，在一定程度上扩充了特征。但当类别数量很多时，特征空间会变得非常大。在这种情况下，一般可采用主成分分析（PCA）来减少维度。

● 二元型（binary）特征

二元型是分类特征中的一种特殊特征，只有两个类别或状态：0 或 1。有时它也被称布尔型（boolean）。如果两个特征值同等重要，则其是对称的（如性别：男、女），否则是不对称的（如考试成绩：及格和不及格）。

例子：户籍分为城镇和乡村，寄宿情况分为寄宿和不寄宿，重点学校分为重点学校和非重点学校。

编码：0 和 1。

● 序数型（ordinal）特征

序数型特征其可能的值之间存在有意义的序（ranking），但是相继值之间的差是未知的。序数特征的中心趋势可以用它的众数和中位数（有序序列的中间值）表示，但不能定义均值。

例子：语文成绩分优、良、中、差，满意度分不满意、满意、非常满意。

编码：常用整数来表示。

● 数值型（numeric）特征

数值型特征是可度量的量，用整数或实数值表示，是最为常见的数据类型。数值型特征可以计算均值、中位数和众数。

例子：人的体重 50kg、55kg，人的身高 175cm、178cm。

编码：用整数或实数来表示。

3）特征提取。特征提取是要将任意数据（如文本或图像）转换为可用于机器学习的数字特征，如将一张图像像素转换为一个一维向量，才能使用机器学习提取图像的特征，每个特征都有一个值来表示。

4）特征其他操作。①不同量纲数据：对不同量纲的数据进行标准化或归一化。②信息冗余问题：对于某些定量特征，其包含的有效信息为区间划分，可以通过二值化转换解决信息冗余问题。例如，学习成绩，假若只关心"及格"或"不及格"，那么需要将定量考分转换成"1"和"0"，分别表示及格和不及格。③特征降维：指在某些限定条件下，降低随机变量（特征）个数，得到一组"不相关"主变量的过程。

（4）模型选择与训练。

1）模型选择。在这一阶段，将选择适当的机器学习算法模型。如何选择正确的模型和算法取决于问题的性质、数据的特点和业务需求。

2）模型训练与测试。模型训练还涉及参数调优，以找到最佳的模型配置。这一阶段可能涉及多次迭代和实验，以找到最佳的模型和参数。同时需要把数据集分成训练数据集和测试数据集，一般按照 8∶2 或 7∶3 来划分，然后用训练数据集来训练模型。训练出参数后再使用测试数据集来测试模型的准确度。

训练集（Train Set）：用来做训练的数据的集合，如备战高考的作业题、练习题。

验证集（Validation Set）：在训练的过程中，每个训练轮次结束后用来验证当前模型性能，为进一步优化模型提供参考的数据的集合，如高考的模拟考试。

测试集（Test Set）：测试数据的集合，用于检验最终得出的模型的性能，如高考试卷。

3）交叉验证。将拿到的训练数据分为训练和验证集。例如，将数据分成 4 份，其中一份作为验证集。经过 4 次（组）的测试，每次都更换不同的验证集，得到 4 组模型的结果，取平均值作为最终结果。这又称 4 折交叉验证。交叉验证目的是让被评估的模型更加准确可信。

（5）模型评估。模型评估是评估模型性能的过程。这涉及使用一组独立的测试数据来评估模型在未见数据上的性能。当模型学习过度的时候，容易把样本中的局部特征当为一般结论，出现"过似合"现象。相反，当模型学习不够的时候，容易出现"欠拟合"现象。无论是哪种情况，都不是理想的模型，需要重新清理数据，选择合适的数据特征，重新构建模型。常用的评估指标包括准确率、精确度、召回率和 F1 分数等。此外，可能还需要进行模型比较、敏感性分析和误差分析等，以全面了解模型的性能和可靠性。

评价必须基于测试数据进行，而且该测试数据是与训练数据完全隔离的（通常两者样本之间无交集）。真实值如表 10-1 所示。

**表 10-1　真实值**

|  | 正例 | 负例 |
|---|---|---|
| 正例 | TP | FP |
| 负例 | FN | TN |

预测结果如下：

P：精确率，是指预测出的结果中，有多少是预测正确了的。精确率（正确率）针对预测结果，指预测为正的样本中有多少是真正的正样本，包括把正例预测为正例（TP），把负例预测为正例（FP）。精确率 Precision＝TP／（TP+FP）。

R：召回率，是指预测正确的占所有正样本的比例。召回率（查全率）是针对原始样本，表示原样本中的正例有多少被预测正确了，包括把原来的正例预测成正例（TP），把原来的正例预测为负例（FN）。召回率 Recall＝TP／（TP+FN）。

准确率（Accuracy）指分类正确的样本占总样本个数的比例。准确率是分类问题中最简单也是最直观的评价指标，包括原本为正例预测为正例，以及原本为负例预测为负例。Accuracy＝（TP+TN）／（TP+FP+FN+TN）。

# 10.2　回归分析

## 10.2.1　基本概念

回归分析是一种统计方法，用于研究变量之间的关系。特别是在我们想要预测一个连续的响应变量（因变量）时，它可以让我们理解当一个或多个预测变量（自变量）改变时，响应变量是如何改变的。通过拟合最佳的关系曲线，回归分析可以量化自变量和因变量之间的关系，并可以用于预测、估计、理解和解释未来观察结果。例如，它可以用于通过房屋的面积来预测房价，或者分析改变广告支出对销售的影响。总的来说，回归分析是一种强大的工具，可以在许多不同的领域中做出更好的决策和预测。

## 10.2.2　常用的回归分析方法

### 10.2.2.1　简单线性回归

简单线性回归是回归分析的基础形式，用于描述两个变量之间的线性关系。它包括一个自变量和一个因变量，并假设它们之间的关系可以用直线来表示。数学模型可以表示为：$y = \beta_0 + \beta_1 x + \epsilon$。其中，$y$ 表示因变量（响应变量），$x$ 表示因变量（解释变量），$\beta_0$ 表示截距项，$\beta_1$ 表示斜率，$\epsilon$ 表示误差项。

简单线性回归分析流程可以分为以下几个步骤：

（1）数据收集与准备。选择变量：确定自变量（解释变量）和因变量（响应变量）。数据清洗：处理缺失值、异常值等，确保数据的质量。数据可视化：通过散点图等方式初步观察数据的分布和潜在关系。

（2）模型拟合。选择方法：通常使用最小二乘法来估计模型参数。计算截距和斜率：截距公式为 $\beta_0 = \bar{y} - \beta_1 \bar{x}$，斜率公式为，$\beta_1 = \dfrac{\sum (x_i - \bar{x})(y_i - \bar{y})}{\sum (x_i - \bar{x})^2}$。其中，$\bar{x}$ 和 $\bar{y}$ 分别是自变量和因变量的均值。

（3）模型评估。残差分析：检查残差的分布，确保模型的假设（如误差的正态性、方差齐性）得到满足。计算 $R^2$：衡量模型解释的变异比例，范围为 0~

1。显著性检验：通过 t 检验等方法检验斜率是否显著不等于 0。

（4）模型预测与结果解释。预测新的数据：使用拟合的模型预测新的自变量值对应的因变量值。构建置信区间：为预测值提供一个合理的范围，反映预测的不确定性。解释结果：将模型的结果与业务背景相结合，提供有用的见解和建议。

### 10.2.2.2　多元线性回归

多元线性回归是一种扩展了简单线性回归的方法，允许我们使用两个或更多的自变量来预测因变量。这种方法在现实世界的许多应用场景中都非常有用，因为我们通常需要考虑多个因素来解释一个现象。多元线性回归的数学模型包含的要素有因变量（响应变量）、自变量（解释变量）、模型参数、误差项。

多元线性回归分析流程可以分为以下几个步骤：

（1）数据收集与准备。选择变量：确定自变量（解释变量）和因变量（响应变量）。数据清洗：处理缺失值、异常值等，确保数据的质量。数据转换：如果需要，进行变量的缩放、转换等。

（2）模型拟合。选择方法：通常使用最小二乘法。计算参数：通过解线性方程组或使用数值方法来估计参数。处理多重共线性：如果自变量之间高度相关，可能需要采取主成分分析、计算条件指数等措施。

（3）模型评估。残差分析：检查残差的分布和性质。计算 $R^2$ 和调整 $R^2$：衡量模型的解释能力。变量选择：使用向前选择、向后消除等方法选择重要的自变量。

（4）模型预测与结果解释。预测新观测：使用模型进行预测。解释结果：解释模型参数的实际意义和重要性。

### 10.2.2.3　岭回归和 Lasso 回归

岭回归和 Lasso 回归是两种用于处理回归问题的正则化技术。它们在多元线性回归的基础上引入了一些约束，以防止过拟合和处理多重共线性等问题。其中，岭回归通过在损失函数中添加 L2 正则化项来约束模型的复杂度。这种正则化有助于防止过拟合，并可以在自变量之间存在多重共线性的情况下提供稳定的解。岭回归的正则化参数控制了正则化的强度，从而平衡了模型的拟合与复杂度。Lasso（Least absolute shrinkage and selection operator）回归与岭回归有许多相似之处，但它使用 L1 正则化项来约束模型复杂度。L1 正则化的一个独特特性是它倾向于将不重要的特征的系数压缩到零。这意味着 Lasso 回归可以实现特征选择，自动确定哪些特征对模型最重要。这使 Lasso 回归成为处理具有许多不必要特征的高维数据集的理想选择。

岭回归的公式可以表示为 $J(\beta) = \|Y-X\beta\|^2 + \lambda\|\beta\|^2$。其中，Y 表示因变量，X 表示自变量矩阵，$\beta$ 表示回归系数，$\lambda$ 表示正则化参数（控制正则化的强度）。

Lasso 回归的公式可以表示为 $J(\beta) = \|Y-X\beta\|^2 + \lambda\|\beta\|_1$。其中，$\|\beta\|_1$ 表示回归系数的 L1 范数。岭回归和 Lasso 回归分析的流程可以分为以下几个步骤：

（1）数据收集与准备，包括选择合适的自变量和因变量，以及进行必要的数据清洗和标准化。标准化通常是必要的，以确保正则化项的合理性。

（2）选择正则化参数。正则化参数 $\lambda$ 控制正则化的强度。可以用交叉验证、网格搜索等方法选择最佳的 $\lambda$ 值。

（3）模型拟合。对于岭回归，通过最小化包含 L2 正则化项的损失函数来拟合模型参数。可以使用现有的优化算法库如 Scikit-learn 工具来解决这个优化问题。对于 Lasso 回归，则通过最小化包含 L1 正则化项的损失函数来拟合模型参数。由于 L1 正则化的非光滑性，这可能需要使用特定的优化算法，如坐标下降。

（4）模型评估。可以使用 $R^2$、均方误差等指标来评估模型的拟合优度和预测能力。

（5）模型预测与结果解释。使用拟合的模型进行预测，并解释模型参数的实际意义和重要性，这里 Lasso 回归则可以利用特点将某些系数压缩到零，从而实现特征选择。

#### 10.2.2.4　逻辑回归

逻辑回归（Logistic regression）是一种广泛使用的统计方法，用于解决分类问题，特别是二分类问题。与名字中的"回归"不同，逻辑回归实际上是一种分类技术。在逻辑回归中，我们首先计算自变量的线性组合，其次一般使用 sigmoid( ) 函数将这个线性组合转换为 0~1 的概率。sigmoid( ) 函数的特点是：当其输入非常大时，输出接近 1；当输入非常小时，输出接近 0；当输入为 0 时，输出为 0.5。这使逻辑回归成为一种合适的模型，用于估计二分类问题中某个类别的概率。图 10-1 为 sigmoid( ) 函数的图形表示。

逻辑回归的计算过程：首先，计算自变量的线性组合结果，表达式为 $z = \beta_0 + \beta_1 x_1 + \beta_2 x_2 + \cdots + \beta_p x_p$。其次，计算激活概率，这里一般使用 sigmoid( ) 函数将线性组合转换为预测类别概率，表达示为 $\sigma(z) = \dfrac{1}{1+e^{-z}}$。其中，z 表示自变量的线性组合，由自变量和回归系数的加权和组成；$\beta_0$，$\beta_1$，$\beta_2$，$\cdots$，$\beta_p$ 表示回归系数，通过最大似然函数来估计；$x_1$，$x_2$，$\cdots$，$x_p$ 表示自变量。

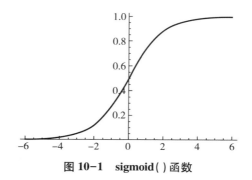

图 10-1　sigmoid( )函数

逻辑回归分析流程可以分为以下几个步骤：

（1）数据收集与准备。选择变量：确定自变量（解释变量）和因变量（响应变量）。数据清洗：处理缺失值、异常值等，确保数据的质量。数据转换：如果需要，进行变量的缩放、转换等。

（2）模型拟合。选择损失函数：通常使用对数损失函数。估计参数：使用最大似然估计方法来估计模型参数。常用的优化算法包括梯度下降、牛顿法等。

（3）模型评估。计算准确率：评估模型在训练集和验证集上的准确率。绘制 ROC 曲线：评估模型的分类性能。

（4）模型预测与结果解释。使用拟合的模型进行预测。

### 10.2.3　案例分析

#### 10.2.3.1　线性回归案例 1：波士顿房价预测

代码如下：

```
import numpy as np
import pandas as pd
import matplotlib.pyplot as plt
import seaborn as sns
sns.set( )        # 设置画图空间为 Seaborn 默认风格
names = ['CRIM ', 'ZN ', 'INDUS ', 'CHAS ', 'NOX ', 'RM ', 'GE ', 'DIS ',
'RAD ', 'TAX ', 'PRTATIO ', 'B ', 'LSTAT ', 'PRICE ']
boston = pd.read_csv( "./data/housing.csv ", names = names )
boston.head( 10 )
```

结果如表 10-2 所示。

表 10-2　预测结果

| | CRIM | ZN | INDUS | CHAS | NOX | RM | GE | DIS | RAD | TAX | PRTATIO | B | LSTAT | PRICE |
|---|---|---|---|---|---|---|---|---|---|---|---|---|---|---|
| 0 | 0.00632 | 18.0 | 2.31 | 0 | 0.538 | 6.575 | 65.2 | 4.0900 | 1 | 296 | 15.3 | 396.90 | 4.98 | 24.0 |
| 1 | 0.02731 | 0.0 | 7.07 | 0 | 0.469 | 6.421 | 78.9 | 4.9671 | 2 | 242 | 17.8 | 396.90 | 9.14 | 21.6 |
| 2 | 0.02729 | 0.0 | 7.07 | 0 | 0.469 | 7.185 | 61.1 | 4.9671 | 2 | 242 | 17.8 | 392.83 | 4.03 | 34.7 |
| 3 | 0.03237 | 0.0 | 2.18 | 0 | 0.458 | 6.998 | 45.8 | 6.0622 | 3 | 222 | 18.7 | 394.63 | 2.94 | 33.4 |
| 4 | 0.06905 | 0.0 | 2.18 | 0 | 0.458 | 7.147 | 54.2 | 6.0622 | 3 | 222 | 18.7 | 396.90 | 5.33 | 36.2 |
| 5 | 0.02985 | 0.0 | 2.18 | 0 | 0.458 | 6.430 | 58.7 | 6.0622 | 3 | 222 | 18.7 | 394.12 | 5.21 | 28.7 |
| 6 | 0.08829 | 12.5 | 7.87 | 0 | 0.524 | 6.012 | 66.6 | 5.5605 | 5 | 311 | 15.2 | 395.60 | 12.43 | 22.9 |
| 7 | 0.14455 | 12.5 | 7.87 | 0 | 0.524 | 6.172 | 96.1 | 5.9505 | 5 | 311 | 15.2 | 396.90 | 19.15 | 27.1 |
| 8 | 0.21124 | 12.5 | 7.87 | 0 | 0.524 | 5.631 | 100.0 | 6.0821 | 5 | 311 | 15.2 | 386.63 | 29.93 | 16.5 |
| 9 | 0.17004 | 12.5 | 7.87 | 0 | 0.524 | 6.004 | 85.9 | 6.5921 | 5 | 311 | 15.2 | 386.71 | 17.10 | 18.9 |

指标解释:

CRIM——犯罪率;

ZN——住宅用地所占比例;

INDUS——城镇中非住宅用地所占比例;

CHAS——是否穿过查尔斯河;

NOX——氮氧化污染物;

RM——每栋住宅的房间数;

GE——1940 年以前建成的自住单位的比例;

DIS——距离 5 个波士顿的就业中心的加权距离;

RAD——距离高速公路的便利指数;

TAX——每一万美元的不动产税率;

PRTATIO——城镇中的教师学生比例;

B——城镇中的黑人比例;

LSTAT——低收入群比例;

PRICE——价格。

简单了解数据情况,代码如下:

```
boston.shape# 查看数据集大小
boston.info( )# 查看各字段基础信息
boston.isnull( ).sum( )# 查看缺失值
boston.describe( )# 描述性数据统计
```

简单线性回归分析代码如下:

```
from sklearn import linear_model
# 定义线性回归的 x 和 y 变量
x = pd.DataFrame( boston[ [ 'CRIM ', 'ZN ', 'INDUS ', 'CHAS ', 'NOX ', 'RM ',
'GE ', 'DIS ', 'RAD ', 'TAX ', 'PRTATIO ', 'B ', 'LSTAT ' ] ] )
y = boston[ 'PRICE ' ]
# 建立线性回归模型,并将变量代入模型进行训练
clf = linear_model.LinearRegression( )
clf.fit( x, y)
# 查看回归系数。本例为一元回归,所以只有一个系数
```

```
print('回归系数:',clf.coef_)
```

结果如下:

回归系数:$[-1.08011358e-01\quad 4.64204584e-02\quad 2.05586264e-02$
$2.68673382e+00-1.77666112e+01\quad 3.80986521e+00\quad 6.92224640e-04$
$-1.47556685e+00\quad 3.06049479e-01\quad -1.23345939e-02\quad -9.52747232e-01$
$9.31168327e-03\quad -5.24758378e-01]$

预测评估代码如下:

```
from sklearn.metrics import r2_score
y_pred = clf.predict(x)
score = r2_score(y, y_pred)
score
```

结果如下:

0.7406426641094094

**10.2.3.2　线性回归案例 2:粮食产量预测——基于 1985~2019 年《中国统计年鉴》调查数据指标**

数据统计如表 10-3 所示。

线性回归基本操作的代码如下:

```
import numpy as np
import pandas as pd
import matplotlib.pyplot as plt
import matplotlib
import seaborn as sns
sns.set()        # 设置画图空间为 Seaborn 默认风格
names=['年份','农用化肥施用量','粮食播种面积','农作物受灾面积',
'农业机械劳动力','农业劳动力','粮食总产量']
grain=pd.read_excel(''粮食生产模型.xlsx '',names=names,index_col=u '年份')
grain.head(10)
```

结果如表 10-4 所示。

表10-3 数据统计（1）

| 年份 | 农用化肥施用量 | 粮食播种面积 | 农作物受灾面积 | 农业机械劳动力 | 农业劳动力 | 粮食总产量 |
|---|---|---|---|---|---|---|
| 1985 | 1775.80 | 108845.00 | 44365.00 | 20913.00 | 49873.00 | 37911.00 |
| 1986 | 1930.60 | 110933.00 | 47140.00 | 22950.00 | 51282.00 | 39151.00 |
| 1987 | 1999.30 | 111268.00 | 42090.00 | 24836.00 | 52783.00 | 40298.00 |
| 1988 | 2141.50 | 110123.00 | 50870.00 | 36575.00 | 54334.00 | 39408.00 |
| 1989 | 2357.10 | 112205.00 | 46991.00 | 28067.00 | 55329.00 | 40755.00 |
| 1990 | 2590.30 | 113466.00 | 38474.00 | 28708.00 | 64749.00 | 44624.00 |
| 1991 | 2805.10 | 112314.00 | 55472.00 | 29389.00 | 65491.00 | 43529.00 |
| 1992 | 2930.20 | 110560.00 | 51333.00 | 30308.00 | 66152.00 | 44266.00 |
| 1993 | 3151.90 | 110509.00 | 48829.00 | 31817.00 | 66808.00 | 45649.00 |
| 1994 | 3317.90 | 109544.00 | 55043.00 | 33802.00 | 67455.00 | 44510.00 |
| 1995 | 3593.70 | 110060.00 | 45821.00 | 36118.00 | 68065.00 | 44662.00 |
| 1996 | 3827.90 | 112548.00 | 46989.00 | 38546.90 | 68950.00 | 50453.50 |
| 1997 | 3980.70 | 112912.00 | 53429.00 | 42015.60 | 69820.00 | 49417.10 |
| 1998 | 4085.60 | 113787.00 | 50145.00 | 45208.00 | 70637.00 | 51229.50 |
| 1999 | 4124.30 | 113161.00 | 49981.00 | 48996.10 | 71394.00 | 50838.60 |
| 2000 | 4146.40 | 108463.00 | 54688.00 | 52573.60 | 72085.00 | 46217.50 |
| 2001 | 4253.80 | 106080.00 | 52215.00 | 55172.10 | 72797.00 | 45263.70 |
| 2002 | 4339.40 | 103891.00 | 47119.00 | 57929.90 | 73280.00 | 45705.80 |
| 2003 | 4411.60 | 99410.00 | 54506.00 | 60386.50 | 73736.00 | 43069.50 |
| 2004 | 4636.60 | 101606.00 | 37106.00 | 64027.90 | 74264.00 | 46946.90 |

表 10-4　线性回归操作结果

| 年份 | 农用化肥施用量 | 粮食播种面积 | 农作物受灾面积 | 农业机械劳动力 | 农业劳动力 | 粮食总产量 |
|------|--------|--------|--------|--------|--------|--------|
| 1985 | 1775.8 | 108845 | 44365.0 | 20913.0 | 49873 | 37911.0 |
| 1986 | 1930.6 | 110933 | 47140.0 | 22950.0 | 51282 | 39151.0 |
| 1987 | 1999.3 | 111268 | 42090.0 | 24836.0 | 52783 | 40298.0 |
| 1988 | 2141.5 | 110123 | 50870.0 | 36575.0 | 54334 | 39408.0 |
| 1989 | 2357.1 | 112205 | 46991.0 | 28067.0 | 55329 | 40755.0 |
| 1990 | 2590.3 | 113466 | 38474.0 | 28708.0 | 64749 | 44624.0 |
| 1991 | 2805.1 | 112314 | 55472.0 | 29389.0 | 65491 | 43529.0 |
| 1992 | 2930.2 | 110560 | 51333.0 | 30308.0 | 66152 | 44266.0 |
| 1993 | 3151.9 | 110509 | 48829.0 | 31817.0 | 66808 | 45649.0 |
| 1994 | 3317.9 | 109544 | 55043.0 | 33802.0 | 67455 | 44510.0 |

简单了解数据情况，代码如下：

```
grain.shape          # 查看数据集大小
grain.info()         # 查看各字段基础信息
grain.isnull().sum() # 查看缺失值
grain.describe()     # 描述性数据统计
```

结果如表 10-5 所示。

表 10-5　结果

|  | 农用化肥施用量 | 粮食播种面积 | 农作物受灾面积 | 农业机械劳动力 | 农业劳动力 | 粮食总产量 |
|------|--------|--------|--------|--------|--------|--------|
| count | 35.000000 | 35.000000 | 35.000000 | 35.000000 | 35.000000 | 35.000000 |
| mean | 4279.448571 | 111040.285714 | 41324.294286 | 62613.148571 | 70195.200000 | 50952.422857 |
| std | 1351.747424 | 4799.391350 | 11461.313821 | 30127.781852 | 8228.840251 | 8992.148539 |
| min | 1775.800000 | 99410.000000 | 18478.100000 | 20913.000000 | 49873.000000 | 37911.000000 |
| 25% | 3234.900000 | 108654.000000 | 34788.500000 | 34960.000000 | 67131.500000 | 44567.000000 |
| 50% | 4339.400000 | 111268.000000 | 45821.000000 | 57929.900000 | 73280.000000 | 49417.100000 |
| 75% | 5483.050000 | 113626.500000 | 50063.000000 | 95013.050000 | 76262.500000 | 57380.300000 |
| max | 6022.600000 | 119230.000000 | 55472.000000 | 111728.100000 | 77640.000000 | 66384.300000 |

查看相关性，代码如下：

```
import matplotlib.pyplot as plt    # 导入图像库
plt.rcParams['font.sans-serif'] = ['SimHei']    # 用来正常显示中文标签
plt.rcParams['axes.unicode_minus'] = False    # 用来正常显示负号
corrgrain = grain.corr()
corrgrain
plt.figure(figsize=(10,10))        # 设置画布
sns.heatmap(corrgrain, annot=True, cmap='coolwarm')
plt.show()
```

结果如图 10-2 所示。

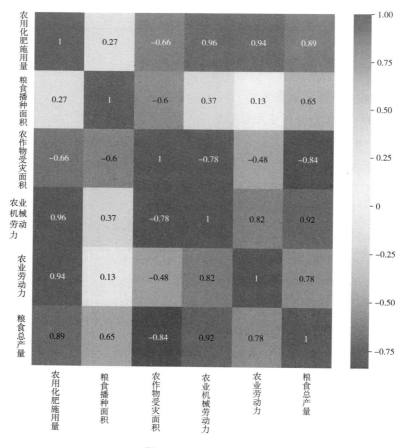

图 10-2  相关性结果

看看各个字段与产量的散点图，以初步了解产量与相应字段的关系，代码如下：

```
x_data = grain[['农用化肥施用量','粮食播种面积','农作物受灾面积',
'农业机械劳动力','农业劳动力']]# 导入所有特征变量
y_data = grain[['粮食总产量']]# 导入目标值
plt.figure(figsize = (18,10))
for i in range(5):
    plt.subplot(4,4,i+1)
    plt.scatter(x_data.values[:,i],y_data,s = 7)        # .values 将 DataFrame
对象 X_df 转成 ndarray 数组
    plt.xlabel(names[i+1])
    plt.ylabel('粮食总产量')
    plt.title(str(i+1)+'. '+names[i+1]+'- 粮食总产量')
plt.tight_layout()
plt.show()
```

结果如图 10-3 所示。

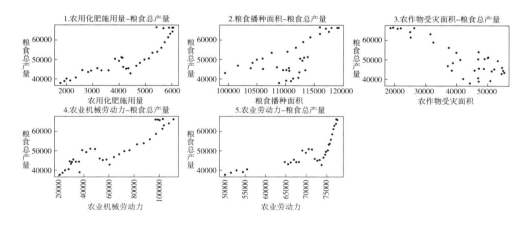

**图 10-3　产量与相应字段的关系**

简单线性回归分析代码示例如下：

```
from sklearn import linear_model
# 定义线性回归的 x 和 y 变量
x = pd.DataFrame(grain[['农用化肥施用量','粮食播种面积','农作物受灾面
积','农业机械劳动力','农业劳力']])
y = grain['粮食总产量']
# 建立线性回归模型,并将变量代入模型进行训练
clf = linear_model.LinearRegression()
clf.fit(x,y)
# 查看回归系数
print('回归系数:',clf.coef_)
```

结果如下:

```
回归系数:[2.04792555  0.68427822-0.15797691  0.04110097  0.25398225]
```

预测评估的代码示例如下:

```
from sklearn.metrics import r2_score
y_pred = clf.predict(x)
score = r2_score(y,y_pred)
score
```

结果如下:

```
0.9876390616306521
```

岭回归示例如下:

(1) 可视化方法确定 λ (lambda) 的值。

导入代码库,代码如下:

```
from sklearn import model_selection
from sklearn.linear_model import Ridge,RidgeCV
%matplotlib inline
font = {
    'family':'FangSong',
    'weight':'bold',
```

```
        'size':12
    }
    matplotlib.rc('font', * * font)
```

读取数据集，代码如下：

```
    names = ['年份','农用化肥施用量','粮食播种面积','农作物受灾面积',
'农业机械劳动力','农业劳动力','粮食总产量']
    grain = pd.read_excel(''粮食生产模型.xlsx'', names = names, index_col =
u'年份')
    # 构造自变量
    X1 = pd.DataFrame(grain[['农用化肥施用量','粮食播种面积','农作物受灾
面积','农业机械劳动力','农业劳动力']])
    Y = grain['粮食总产量']
```

将数据集拆分成训练集和测试集，代码如下：

```
    # 从 sklearn.cross_validation 导入数据分割器
    from sklearn.model_selection import train_test_split
    # 随机采样 25% 的数据构建测试样本,其余作为训练样本
    X1_train,X1_test,Y_train,Y_test = model_selection.train_test_split(X1,Y,ran-
dom_state = 1234,test_size = 0.2)
```

可视化方法确定 λ（lambda）的值，代码如下：

```
    # 构造不同的 lambda 值
    Lambdas = np.logspace(-5,2,200)
    # 构造空列表,用于存储模型的偏回归系数
    ridge_cofficients = []
    # 循环迭代不同的 lambda 值
    for Lambda in Lambdas:
        ridge = Ridge(alpha = Lambda, normalize = True)
        ridge.fit(X1_train,Y_train)
        ridge_cofficients.append(ridge.coef_)
```

# normalize＝True,bool 类型参数,建模时是否需要对数据集做标准化处理,默认 false

设置绘图风格,代码如下:

```
plt.rcParams['font.sans-serif']=['SimHei']   # 用来正常显示中文标签
plt.rcParams['axes.unicode_minus']=False   # 用来正常显示负号
plt.style.use('ggplot')
plt.plot(Lambdas,ridge_cofficients)
# 对 X 轴做对数处理
plt.xscale('log')
# 设置折线图 x 轴和 y 轴标签
plt.xlabel('Log(Lambda)')
plt.ylabel('Cofficients')
# 显示图形
plt.show()
```

结果如图 10-4 所示。

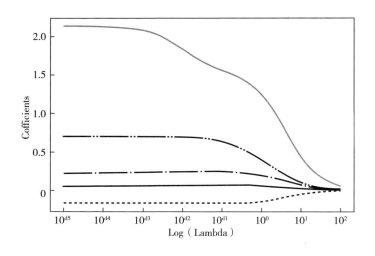

**图 10-4　λ（lambda）结果**

（2）交叉验证法确定 lambda 值,代码如下:

# 设置交叉验证的参数,对于每一个 lambda 值都执行 10 重交叉验证

ridge_cv = RidgeCV ( alphas = Lambdas, normalize = True, scoring = ' neg _ mean _ squared_error ', cv = 10 )

# 模型拟合

ridge_cv.fit( X1_train, Y_train )

# 返回最佳的 Lambda

ridge_best_Lambda = ridge_cv.alpha_

ridge_best_Lambda

结果如下:

0.06294988990221888

(3) 模型的预测。基于最佳的 Lambda 值建模,代码如下:

ridge = Ridge ( alpha = ridge_best_Lambda, normalize = True )
ridge.fit( X1_train, Y_train )

结果如下:

Ridge( alpha = 0.06294988990221888, copy_X = True, fit_intercept = True, max_iter = None, normalize = True, random_state = None, solver = ' auto ', tol = 0.001 )

返回岭回归系数,代码如下:

res = pd.Series ( index = [ ' Intercept ' ] + X1 _ train.columns.tolist ( ), data = [ ridge.intercept_ ] + ridge.coef_. tolist( ) )
print( res )

结果如下:

Intercept　　−42646.801845
农用化肥施用量　　　　1.591394
粮食播种面积　　　　0.652726
农作物受灾面积　　　−0.162167
农业机械劳动力　　　　0.063250

| 农业劳动力 | 0.242214 |
|---|---|

dtype：float64

（4）预测效果验证，代码如下：

```
from sklearn.metrics import mean_squared_error
# 测试值与正确值做对比
ridge_predict = ridge.predict(X1_test)
res = pd.DataFrame({
    'real': Y_test,
    'pred': ridge_predict
})
RMSE = np.sqrt(mean_squared_error(Y_test, ridge_predict))
RMSE
```

结果如下：

959.0626229215444

Lasso 回归示例如下：

（1）可视化方法确定 λ（lambda）的值。

导入代码库，代码如下：

```
from sklearn.linear_model import Lasso, LassoCV
font = {
    'family': 'FangSong',
    'weight': 'bold',
    'size': 12
}
matplotlib.rc('font', ** font)
```

读取数据集，代码如下：

```
names = ['年份', '农用化肥施用量', '粮食播种面积', '农作物受灾面积',
'农业机械劳动力', '农业劳动力', '粮食总产量']
```

$grain = pd.read\_excel($ '' 粮食生产模型 $.xlsx$ '' $, names = names, index\_col = u$ '年份' $)$

```
# 构造自变量
```

$X2 = pd.DataFrame(grain[['农用化肥施用量','粮食播种面积','农作物受灾面积','农业机械劳动力','农业劳动力']])$

$Y = grain['粮食总产量']$

将数据集拆分成训练集和测试集，代码如下：

```
# 从 sklearn.cross_validation 导入数据分割器
from sklearn.model_selection import train_test_split
# 随机采样 25% 的数据构建测试样本,其余作为训练样本
```

$X2\_train, X2\_test, Y\_train, Y\_test = model\_selection.train\_test\_split(X2, Y, random\_state = 1234, test\_size = 0.2)$

可视化方法确定 $\lambda$（lambda）的值，代码如下：

```
# 构造不同的 lambda 值
Lambdas = np.logspace(-5,2,200)
# 构造空列表,用于存储模型的偏回归系数
lasso_cofficients = []
# 循环迭代不同的 lambda 值
for Lambda in Lambdas:
    lasso = Lasso(alpha = Lambda, normalize = True, max_iter = 10000)
    lasso.fit(X2_train, Y_train)
    lasso_cofficients.append(lasso.coef_)
```

绘制折线图，代码如下：

```
plt.plot(Lambdas, lasso_cofficients)
# 对 X 轴做对数处理
plt.xscale('log')
# 设置折线图 x 轴和 y 轴标签
```

```
plt.xlabel('Lambda')
plt.ylabel('Cofficients')
# 显示图形
plt.show()
```

结果如图 10-5 所示。

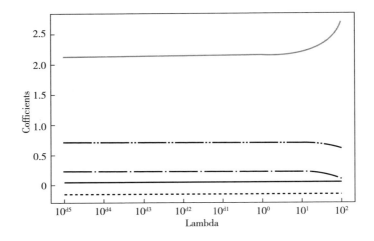

图 10-5 Lasso 回归下的 Lambda 结果

（2）交叉验证法确定 Lambda 值，代码如下：

```
# 设 Lasso 回归模型的交叉验证
lasso_cv = LassoCV(alphas = Lambdas, normalize = True, cv = 10, max_iter = 10000)
lasso_cv.fit(X2_train, Y_train)
# 输出最佳的 Lambda
lasso_best_alpha = lasso_cv.alpha_
print(lasso_best_alpha)
```

结果如下：

7.488103857590015

（3）建模。基于最佳的 Lambda 值建模，代码如下：

```
lasso = Lasso( alpha = lasso_best_alpha, normalize = True, max_iter = 10000)
# 对"类"加以数据实体，执行回归系数的运算
lasso.fit( X2_train, Y_train)
```

结果如下：

Lasso( alpha = 7.488103857590015, copy_X = True, fit_intercept = True, max_iter = 10000, normalize = True, positive = False, precompute = False, random_state = None, selection = 'cyclic ', tol = 0.0001, warm_start = False)

返回 Lasso 回归系数，代码如下：

```
res = pd.Series ( index = [ ' Intercept ' ] + X2_train.columns.tolist ( ), data = [lasso.intercept_] + lasso.coef_.tolist( ))
print( res)
```

结果如下：

```
Intercept    -46191.475510
农用化肥施用量        2.179986
粮食播种面积       0.691367
农作物受灾面积      -0.161961
农业机械劳动力       0.044860
农业劳动力        0.212073
dtype : float64
```

系数中不含有 0，说明以上变量对 Y 都有显著意义。

（4）模型预测，代码如下：

```
lasso_predict = lasso.predict( X2_test)
lasso_predict
```

结果如下：

array ( [ 44769.03233854, 41673.08854376, 50270.39052792, 38982.88464612, 41904.0074743, 65283.39643544, 50278.99409114])

（5）预测效果验证，代码如下：

```
from sklearn.metrics import mean_squared_error
RMSE = np.sqrt(mean_squared_error(Y_test, lasso_predict))
print(RMSE)
```

结果如下：

```
1003.1760492687469
```

利用 statsmodels 进行 OLS 分析：

导入数据库和代码库，代码如下：

```
import warnings
warnings.filterwarnings("ignore")
import numpy as np
import pandas as pd
import statsmodels.api as sm
import statsmodels.formula.api as smf
names = ['年份','农用化肥施用量','粮食播种面积','农作物受灾面积',
'农业机械劳动力','农业劳动力','粮食总产量']
grain = pd.read_excel(''粮食生产模型.xlsx'', names = names, index_col =
u'年份')
```

（1）用 statsmodels.api 来进行分析。构造变量以及建模，代码如下：

```
y1 = grain['粮食总产量']
x1 = grain['农用化肥施用量']
x1 = sm.add_constant(x1)# 增加一个常数1,对应回归线在 y 轴上的截距
regression1 = sm.OLS(y1,x1)# 用最小二乘法建模
model1 = regression1.fit()# 数据拟合
```

显示变量系数，代码如下：

```
model1.params
```

结果如下：

const          25632.554785
农用化肥施用量          5.916619
dtype: float64

显示模型回归结果，代码如下：

```
model1.summary()
```

结果如图 10-6 所示。

OLS Regression Results

| | | | |
|---|---|---|---|
| Dep. Variable: | 粮食总产量 | R-squared: | 0.791 |
| Model: | OLS | Adj. R-squared: | 0.785 |
| Method: | Least Squares | F-statistic: | 124.9 |
| Date: | Fri, 01 Sep 2023 | Prob (F-statistic): | 9.27e-13 |
| Time: | 19:57:01 | Log-Likelihood: | -340.40 |
| No. Observations: | 35 | AIC: | 684.8 |
| Df Residuals: | 33 | BIC: | 687.9 |
| Df Model: | 1 | | |
| Covariance Type: | nonrobust | | |

| | coef | std err | t | P>|t| | [0.025 | 0.975] |
|---|---|---|---|---|---|---|
| const | 2.563e+04 | 2372.432 | 10.804 | 0.000 | 2.08e+04 | 3.05e+04 |
| 农用化肥施用量 | 5.9166 | 0.529 | 11.178 | 0.000 | 4.840 | 6.994 |

| | | | |
|---|---|---|---|
| Omnibus: | 0.473 | Durbin-Watson: | 0.198 |
| Prob(Omnibus): | 0.789 | Jarque-Bera (JB): | 0.605 |
| Skew: | -0.120 | Prob(JB): | 0.739 |
| Kurtosis: | 2.402 | Cond. No. | 1.51e+04 |

图 10-6　OLS 分析结果

（2）statsmodels.formula.api 的用法。构造变量以及建模，代码如下：

```
regression2 = smf.ols( formula = '粮食总产量~农用化肥施用量', data = grain)
# 这里面要输入公式和数据
model2 = regression2.fit()
```

获取回归系数，代码如下：

```
model2.params
```

结果如下：

```
Intercept        25632.554785
农用化肥施用量              5.916619
dtype:float64
```

显示模型回归结果，代码如下：

```
model2.summary()
```

结果如图 10-6 所示。

（3）多个模型回归。构造变量以及建模，代码如下：

```
import pandas as pd
import statsmodels.api as sm
from statsmodels.iolib.summary2 import summary_col
grain['cons'] = 1
y = grain['粮食总产量']
x1 = grain[['农用化肥施用量','cons']]
x2 = grain[['农用化肥施用量','粮食播种面积','cons']]
x3 = grain[['农用化肥施用量','粮食播种面积','农作物受灾面积','cons']]
x4 = grain[['农用化肥施用量','粮食播种面积','农作物受灾面积','农业机
械劳动力','cons']]
x5 = grain[['农用化肥施用量','粮食播种面积','农作物受灾面积','农业机
械劳动力','农业劳动力','cons']]
reg1 = sm.OLS(y,x1).fit()
reg2 = sm.OLS(y,x2).fit()
```

reg3 = sm.OLS( y , x3 ).fit( )

reg4 = sm.OLS( y , x4 ).fit( )

reg5 = sm.OLS( y , x5 ).fit( )

显示模型回归结果，代码如下：

results = summary_col( [ reg1 , reg2 , reg3 , reg4 , reg5 ] , stars = True , float_format = '%0.2f' , model_names = [ 'Model\n( 1 )' , 'Model\n( 2 )' , 'Model\n( 3 )' , 'Model\n( 4 )' , 'Model\n( 5 )' ] , info_dict = { 'N' : lambda x : "{0 : d}".format( int( x. nobs ) ) , 'R2' : lambda x : "{ :. 2f}".format( x.rsquared ) } )

print( results )

结果如表 10-6 所示。

表 10-6　回归结果

|  | Model<br>（1） | Model<br>（2） | Model<br>（3） | Model<br>（4） | Model<br>（5） |
|---|---|---|---|---|---|
| cons | 25632. 55 \*\*\*<br>（2372. 43） | −62592. 81 \*\*\*<br>（6364. 43） | −35344. 52 \*\*\*<br>（6961. 52） | −34910. 46 \*\*\*<br>（7115. 50） | −47667. 53 \*\*\*<br>（8126. 04） |
| 农业劳动力 |  |  |  |  | 0. 25 \*\*<br>（0. 10） |
| 农业机械劳动力 |  |  |  | −0. 01<br>（0. 03） | 0. 04<br>（0. 04） |
| 农作物受灾面积 |  |  | −0. 15 \*\*\*<br>（0. 03） | −0. 16 \*\*\*<br>（0. 04） | −0. 16 \*\*\*<br>（0. 03） |
| 农用化肥施用量 | 5. 92 \*\*\*<br>（0. 53） | 5. 12 \*\*\*<br>（0. 21） | 4. 44 \*\*\*<br>（0. 20） | 4. 69 \*\*\*<br>（0. 59） | 2. 05 \*<br>（1. 15） |
| 粮食播种面积 |  | 0. 83 \*\*\*<br>（0. 06） | 0. 66 \*\*\*<br>（0. 05） | 0. 66 \*\*\*<br>（0. 05） | 0. 68 \*\*\*<br>（0. 05） |
| N | 35 | 35 | 35 | 35 | 35 |
| $R^2$ | 0. 79 | 0. 97 | 0. 98 | 0. 98 | 0. 99 |

注：\* 表示 $p<0.1$，\*\* 表示 $p<0.05$，\*\*\* 表示 $p<0.01$。

预测模型效果，代码如下：

```
results_text = results.as_text( )
import csv
resultFile = open( "table.csv ", 'w ' )
resultFile.write( results_text )
resultFile.close( )
y_pred = reg5.fittedvalues
y_pred
```

结果如下：

| 年份 | 数值 |
|------|------|
| 1985 | 36967.194726 |
| 1986 | 38716.184277 |
| 1987 | 40342.637153 |
| 1988 | 39339.727124 |
| 1989 | 41721.744826 |
| 1990 | 46826.543758 |
| 1991 | 44009.302735 |
| 1992 | 43924.794710 |
| 1993 | 44968.129521 |
| 1994 | 43912.000108 |
| 1995 | 46536.887625 |
| 1996 | 48859.083420 |
| 1997 | 48767.243920 |
| 1998 | 50438.325171 |
| 1999 | 50463.089094 |
| 2000 | 46872.552312 |
| 2001 | 46140.177650 |
| 2002 | 45858.667070 |
| 2003 | 41990.085704 |

| 2004 | 46986.109869 |
|------|--------------|
| 2005 | 49086.338305 |
| 2006 | 49776.886824 |
| 2007 | 49864.170400 |
| 2008 | 52904.776521 |
| 2009 | 54241.792940 |
| 2010 | 57383.117326 |
| 2011 | 59620.646669 |
| 2012 | 62302.738619 |
| 2013 | 62621.838581 |
| 2014 | 65113.491313 |
| 2015 | 66894.283329 |
| 2016 | 65738.975893 |
| 2017 | 65929.546255 |
| 2018 | 64539.429090 |
| 2019 | 63676.287161 |

dtype：float64

数据拼接，代码如下：

```
df_pred = pd.concat([grain['粮食总产量'], y_pred], axis = 1)
df_pred.columns = ['y_true', 'y_pred']
```

绘图：预测值和真实值分布图。代码如下：

```
fig = plt.scatter(x = 'y_true', y = 'y_pred', data = df_pred)
```

结果如图 10-7 所示。绘图：模型残差分布图。代码如下：

```
fig = plt.hist(x = reg5.resid)
```

结果如图 10-8 所示。

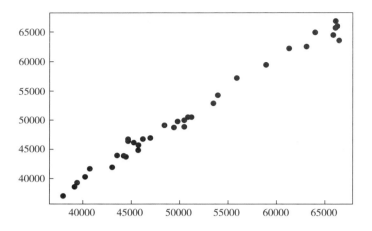

图 10-7　预测值和真实值分布

fig=plt.hist（*x*=reg5.resid）

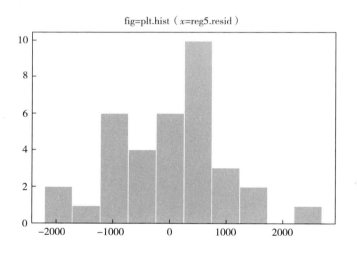

图 10-8　模型残差分布

10.2.3.3　逻辑回归案例 1：农业工作 or 非农工作

数据如表 10-7 所示。

表 10-7　本案例数据

| urban | age | gender | childn | _satisfac | healthy | eduy | _satisfac | familysize | lnfincome | agrimachi | lnland_val | lnagri_val | lnincome | work |
|---|---|---|---|---|---|---|---|---|---|---|---|---|---|---|
| 1 | 47 | 0 | 1 | 3 | 3 | 12 | 3 | 3 | 12 | 0 | 0 | 0 | 0 | 非农工作 |
| 1 | 50 | 1 | 1 | 5 | 3 | 12 | 4 | 3 | 12 | 0 | 0 | 0 | 0 | 非农工作 |
| 1 | 25 | 0 | 0 | 4 | 1 | 16 | 3 | 1 | 11 | 0 | 0 | 0 | 11 | 非农工作 |
| 1 | 38 | 1 | 1 | 3 | 5 | 3 | 4 | 1 | 11 | 9 | 0 | 10 | 11 | 非农工作 |
| 1 | 20 | 1 | 0 | 3 | 2 | 9 | 3 | 2 | 11 | 0 | 0 | 0 | 11 | 非农工作 |
| 0 | 28 | 0 | 0 | 4 | 3 | 12 | 3 | 4 | 11 | 0 | 0 | 0 | 0 | 非农工作 |
| 1 | 35 | 0 | 1 | 5 | 3 | 16 | 4 | 6 | 12 | 0 | 0 | 0 | 0 | 非农工作 |
| 0 | 31 | 1 | 1 | 3 | 3 | 13 | 3 | 1 | 10 | 9 | 0 | 0 | 0 | 非农工作 |
| 1 | 28 | 1 | 0 | 2 | 2 | 9 | 4 | 3 | 11 | 0 | 0 | 0 | 0 | 非农工作 |
| 1 | 71 | 0 | 4 | 2 | 2 | 9 | 2 | 2 | 7 | 0 | 0 | 0 | 7 | 非农工作 |
| 1 | 28 | 0 | 1 | 3 | 3 | 15 | 3 | 2 | 10 | 0 | 0 | 0 | 0 | 非农工作 |
| 0 | 25 | 1 | 0 | 3 | 3 | 9 | 3 | 1 | 11 | 0 | 0 | 0 | 11 | 非农工作 |
| 0 | 31 | 1 | 0 | 4 | 3 | 9 | 4 | 1 | 12 | 0 | 0 | 0 | 11 | 非农工作 |
| 1 | 23 | 0 | 0 | 5 | 3 | 9 | 17 | 1 | 11 | 0 | 0 | 0 | 9 | 非农工作 |
| 0 | 42 | 0 | 2 | 4 | 5 | 9 | 17 | 1 | 10 | 7 | 0 | 0 | 9 | 非农工作 |
| 1 | 29 | 1 | 1 | 2 | 3 |  | 15 | 3 | 11 | 8 | 0 | 8 | 10 | 非农工作 |
| 1 | 29 | 0 | 0 | 5 | 2 | 9 | 16 | 3 | 11 | 8 | 0 | 8 | 10 | 非农工作 |
| 1 | 27 | 0 | 0 | 4 | 5 | 13 | 3 | 1 | 11 | 0 | 0 | 0 | 0 | 非农工作 |
| 1 | 32 | 1 | 0 | 3 | 5 | 9 | 16 | 1 | 10 | 0 | 0 | 0 | 0 | 非农工作 |

资料来源：2016 年 CFPS 个人数据库、家庭经济库。

加载代码如下：

```
import pandas as pd
import numpy as np
import matplotlib.pyplot as plt
from sklearn.model_selection import train_test_split
from sklearn.preprocessing import StandardScaler
from sklearn.linear_model import LogisticRegression
from sklearn.linear_model import LinearRegression
from sklearn.metrics import classification_report, roc_auc_score
```

获取数据，代码如下：

```
data = pd.read_excel('务农数据.xls')
data
```

了解数据，代码如下：

```
data.head()# 了解数据
data.shape
data.info()
```

结果如下：

```
(27543,15)
<class 'pandas.core.frame.DataFrame'>
RangeIndex:27543 entries,0 to 27542
Data columns (total 15 columns):
urban                 27543 non-null int64
age                   27543 non-null int64
gender                27543 non-null int64
childn                27543 non-null int64
life_satisfaction     27543 non-null int64
healthy               27543 non-null int64
eduy                  27543 non-null int64
```

```
work_satisfaction      27543 non-null float64
familysize             27543 non-null int64
lnfincome              27543 non-null float64
lnagrimachine          27543 non-null float64
lnland_val             27543 non-null float64
lnagri_val             27543 non-null float64
lnincome               27543 non-null float64
work                   27543 non-null object
dtypes:float64(6),int64(8),object(1)
memory usage:3.2+MB
```

基本数据处理如下：

缺失值处理，代码如下：

```
data.head()# 了解数据
data.shape
data.info()
```

确定特征值、目标值，代码如下：

```
x=data.iloc[ :,0:-1]
x.head()
y=data["work"]
y.head()
```

结果如下：

```
0    非农工作
1    非农工作
2    非农工作
3    非农工作
4    非农工作
Name:work,dtype:object
```

分割数据，代码如下：

```
x_train, x_test, y_train, y_test = train_test_split(x, y, random_state = 22, test_
size = 0.2)
```

特征工程（标准化），代码如下：

```
transfer = StandardScaler()
x_train = transfer.fit_transform(x_train)
x_test = transfer.fit_transform(x_test)
```

机器学习（逻辑回归），代码如下：

```
estimator = LogisticRegression()
estimator.fit(x_train, y_train)
```

结果如下：

```
LogisticRegression(C = 1.0, class_weight = None, dual = False, fit_intercept = True,
intercept_scaling = 1, max_iter = 100, multi_class = 'warn', n_jobs = None, penalty =
'l2', random_state = None, solver = 'warn', tol = 0.0001, verbose = 0, warm_start =
False)
```

模型评估，代码如下：

```
# 准确率
ret = estimator.score(x_test, y_test)
print("准确率为:\n", ret)
# 预测值
y_pre = estimator.predict(x_test)
print("预测值为:\n", y_pre)
```

结果如下：

准确率为:0.840079869304774。

预测值为:['非农工作''非农工作''非农工作'... '非农工作''农业工作(农、林、牧、副、渔)''非农工作']。

10.2.3.4 逻辑回归案例2：是否遭受金融诈骗——基于2015年CHFS数据

数据统计如表10-8所示。

表 10-8　数据统计 (2)

| hukou | age | marriage | gender | health | work | edu | party | kind | nformatiol | course | fin | lost |
|---|---|---|---|---|---|---|---|---|---|---|---|---|
| 2 | 60 | 1 | 1 | 4 | 1 | 5 | 0 | 1 | 3 | 0 | 3 | 否 |
| 2 | 62 | 0 | 0 | 3 | 0 | 4 | 0 | 2 | 4 | 0 | 1 | 否 |
| 2 | 82 | 1 | 0 | 4 | 0 | 4 | 1 | 1 | 4 | 1 | 1 | 否 |
| 2 | 94 | 1 | 1 | 4 | 0 | 5 | 1 | 1 | 3 | 0 | 2 | 否 |
| 2 | 49 | 1 | 0 | 3 | 1 | 5 | 1 | 2 | 1 | 0 | 2 | 否 |
| 2 | 38 | 1 | 1 | 3 | 1 | 5 | 0 | 2 | 2 | 1 | 1 | 否 |
| 2 | 88 | 0 | 0 | 2 | 0 | 1 | 0 | 2 | 5 | 0 | 1 | 否 |
| 2 | 63 | 1 | 0 | 3 | 0 | 4 | 0 | 2 | 2 | 0 | 1 | 否 |
| 2 | 88 | 0 | 0 | 4 | 0 | 3 | 0 | 1 | 3 | 0 | 0 | 否 |
| 1 | 70 | 1 | 0 | 4 | 1 | 1 | 0 | 1 | 1 | 0 | 1 | 否 |
| 2 | 60 | 1 | 0 | 4 | 1 | 4 | 0 | 3 | 1 | 0 | 1 | 否 |
| 2 | 89 | 1 | 0 | 3 | 0 | 3 | 0 | 2 | 2 | 0 | 1 | 否 |
| 1 | 55 | 1 | 1 | 5 | 1 | 3 | 0 | 2 | 4 | 0 | 1 | 否 |
| 3 | 86 | 1 | 1 | 3 | 0 | 4 | 0 | 2 | 2 | 0 | 1 | 否 |
| 3 | 70 | 1 | 1 | 3 | 0 | 3 | 0 | 1 | 2 | 0 | 1 | 否 |
| 3 | 57 | 1 | 0 | 3 | 1 | 5 | 1 | 3 | 2 | 0 | 2 | 否 |
| 3 | 57 | 1 | 0 | 5 | 0 | 4 | 0 | 2 | 1 | 0 | 1 | 否 |
| 3 | 39 | 1 | 0 | 3 | 1 | 5 | 1 | 2 | 4 | 1 | 0 | 否 |
| 2 | 71 | 1 | 0 | 4 | 0 | 3 | 0 | 3 | 2 | 0 | 3 | 否 |
| 3 | 71 | 1 | 1 | 4 | 0 | 4 | 1 | 2 | 4 | 1 | 2 | 否 |

加载代码如下：

```
import pandas as pd
import numpy as np
import matplotlib.pyplot as plt
from sklearn.model_selection import train_test_split
from sklearn.preprocessing import StandardScaler
from sklearn.linear_model import LogisticRegression
from sklearn.linear_model import LinearRegression
from sklearn.metrics import classification_report, roc_auc_score
```

获取数据，代码如下：

```
data = pd.read_excel('金融诈骗.xls')
data
```

了解数据，代码如下：

```
data.head()# 了解数据
data.shape
data.info()
```

结果如下：

```
(19179,13)
<class 'pandas.core.frame.DataFrame'>
RangeIndex：19179 entries，0 to 19178
Data columns (total 13 columns)：
hukou          19179 non-null int64
age            19179 non-null int64
marriage       19179 non-null int64
gender         19179 non-null int64
health         19179 non-null int64
work           19179 non-null int64
edu            19179 non-null int64
```

```
party            19179 non-null int64
kind             19179 non-null int64
information      19179 non-null int64
course           19179 non-null int64
fin              19179 non-null int64
lost             19179 non-null object
dtypes：int64（12），object（1）
memory usage：1.9+MB
```

基本数据处理如下：

缺失值处理，代码如下：

```
data = data.replace（to_replace = "？"，value = np.nan）# 先替换 '？' 为 np.nan，
to_replace：替换前的值，value：替换后的值
data = data.dropna（）
```

确定特征值、目标值，代码如下：

```
x = data.iloc［:,0:-1］
x.head（）
y = data［"lost"］
y.head（）
```

分割数据，代码如下：

```
x_train，x_test，y_train，y_test = train_test_split（x，y，random_state = 22，test_
size = 0.2）
```

特征工程（标准化），代码如下：

```
transfer = StandardScaler（）
x_train = transfer.fit_transform（x_train）
x_test = transfer.fit_transform（x_test）
```

机器学习（逻辑回归），代码如下：

```
estimator = LogisticRegression( )
estimator.fit( x_train , y_train )
```

结果如下：

```
LogisticRegression( C = 1.0 , class_weight = None , dual = False , fit_intercept = True ,
intercept_scaling = 1 , max_iter = 100 , multi_class = 'warn ' , n_jobs = None , penalty =
'l2 ' , random_state = None , solver = 'warn ' , tol = 0.0001 , verbose = 0 , warm_start =
False )
```

模型评估，代码如下：

```
# 准确率
ret = estimator.score( x_test , y_test )
print( "准确率为:\n " , ret )
# 预测值
y_pre = estimator.predict( x_test )
print( "预测值为:\n " , y_pre )
```

结果如下：

准确率为：0.9356100104275287。

预测值为：['否''否''否'... '否''否''否']。

精确率/召回率指标评价，代码如下：

```
ret = classification_report( y_test , y_pre , labels = ( 2 , 4 ) , target_names = ( "否" ,
"是" ) )
    print( ret )
```

# 10.3　分类算法分析

基本概念和模型如下：

（1）分类任务。分类是一种监督学习任务，目的是根据输入特征预测离散的标签或类别。分类算法在许多领域都有广泛的应用，如医疗诊断、金融风险评估、图像识别等。分类任务的目标是将输入数据分配到两个或多个类别中的一个。在二分类问题中，有两个类别，如正/负或是/否。在多分类问题中，有两个以上的类别。

（2）特征和标签。特征是描述数据的属性或特点，如年龄、收入等。标签是我们想要预测的类别。

（3）训练和测试。这里需要准备两个数据集：一个是训练集，用于训练模型的数据子集；另一个是测试集，用于评估模型性能的数据子集。

（4）性能指标。准确率，指正确分类的样本数与总样本数的比例，它是最直观的性能指标，但在类别不平衡的情况下可能会产生误导。精确率，指模型预测为正例的样本中有多少是实际的正例，它衡量了模型对正例的预测准确性。召回率，指所有实际正例中有多少被模型正确地预测为正例，它衡量了模型对实际正例的预测完整性。

### 10.3.1　KNN 算法介绍

K-最近邻（K-Nearest Neighbors，KNN）算法是一种基于实例的学习方法，用于分类和回归任务，KNN 算法的核心思想是一个样本的类别可以由其附近的 K 个最近邻样本的类别来决定，这里的"最近邻"是根据某种距离度量来定义的。下面将介绍 KNN 算法涉及的主要理论。

#### 10.3.1.1　距离度量

常用的距离度量方法包括欧氏距离（也称为欧几里得距离）、曼哈顿距离和余弦相似度等。

欧氏距离：两点之间的直线距离，公式表示 $d(x, g) = \sqrt{\sum_{i=1}^{n}(x_i - y_i)^2}$。

曼哈顿距离：两点之间的格子距离，公式表示 $d(x, y) = \sum_{i=1}^{n}|x_i - y_i|$。

余弦相似度：两个向量之间的夹角的余弦值。

#### 10.3.1.2　K 值选择

K 值的选择对 KNN 算法的性能有重要影响：

K 值过小：当 K 值太小时，如 K=1，模型可能会过于复杂，对训练数据的噪声非常敏感。这可能导致过拟合，即模型在训练数据上表现很好，但在未见过的数据上表现较差。小 K 值还可能会导致模型的预测结果对训练数据中的小变化非常敏感，从而产生高方差。

**K 值过大**：当 K 值太大时，模型可能过于简单，不能捕捉数据中的复杂模式。这可能导致欠拟合，即模型在训练数据和未见过的数据上都表现不佳。合适的大 K 值可以减少模型的方差，使预测更稳定，同时也会增加计算距离和排序的成本，从而增加计算时间。

**10.3.1.3　KNN 算法基本流程**

（1）选择距离度量方法：选择合适的距离度量方法来计算样本之间的距离。

（2）确定 K 值：选择一个合适的 K 值，即考虑的最近邻样本的数量。

（3）计算距离：对于给定的测试样本，计算它与训练集中每个样本的距离。

（4）找到 K 个最近邻：从训练集中找到与测试样本距离最近的 K 个样本。

（5）投票决策：根据 K 个最近邻样本的类别进行投票，将票数最多的类别分配给测试样本，并返回测试样本最终的预测类别。

## 10.3.2　案例分析

KNN Python 实战案例：预测居民做饭燃料的类型。

本案例选取 2018 年 CFPS 家庭经济库的数据，运用机器学习模型，使用 KNN 算法根据户籍、务农情况、在家吃饭人数（人）、每月电费（元）、每月燃料费（元）、过去 12 个月总收入（元）等因素预测居民做饭所使用的燃料类型。

先引入数据以及进行描述性分析，代码如下：

```python
import pandas as pd
from sklearn.neighbors import KNeighborsClassifier
ad = pd.read_excel( '做饭燃料 .xls ')
ad.shape
print( ad.isnull( ).sum( ) )
ad.info( )
ad.describe( )
ad.head( )
```

输出结果如表 10-9 所示。

表 10-9　输出结果

| 户籍 | 做饭燃料 | 务农 | 在家吃饭人数（人） | 每月电费（元） | 每月燃料费（元） | lnfinc | lnfexp |
|---|---|---|---|---|---|---|---|
| 1 | 天然气/管道煤气 | 0 | 3 | 100.0 | 150.0 | 12.206073 | 11.695247 |
| 1 | 天然气/管道煤气 | 0 | 2 | 60.0 | 40.0 | 11.982929 | 11.492723 |
| 1 | 天然气/管道煤气 | 0 | 1 | 130.0 | 300.0 | 10.308952 | 9.903487 |
| 0 | 天然气/管道煤气 | 0 | 4 | 50.0 | 125.0 | 11.141862 | 11.002100 |
| 1 | 天然气/管道煤气 | 0 | 6 | 200.0 | 100.0 | 11.512925 | 11.002100 |

定义模型的因变量和自变量，代码如下：

```
y = ad['做饭燃料'].values      # dependent
X = ad.drop('做饭燃料', axis = 1).values    # independent
```

使用 KNN 算法创建模型并拟合模型，代码如下：

```
knn = KNeighborsClassifier(n_neighbors = 6)
knn.fit(X, y)
```

结果如下：

```
KNeighborsClassifier(algorithm = 'auto', leaf_size = 30, metric = 'minkowski',
metric_params = None, n_jobs = None, n_neighbors = 6, p = 2, weights = 'uniform')
```

计算模型精度，代码如下：

```
y_pred = knn.predict(X)
from sklearn import metrics
print("Model Accuracy:", metrics.accuracy_score(y, y_pred) * 100)
```

结果如下：

```
Model Accuracy: 58.88237816206946
```

手动测试模型，代码如下：

```
x_new = [1,0,1,30,20,12,10]
new_pred = knn.predict([x_new])
print("Prediction:{}".format(new_pred))
x = [0,1,5,150,110,11,11]
new_pred = knn.predict([x])
print("Prediction:{}".format(new_pred))
```

结果如下:

```
Prediction:['天然气/管道煤气']
Prediction:['罐装煤气/液化气']
```

# 10.4　聚类分析

聚类分析是一种无监督学习方法,它将数据集中的对象分组,使同一组中的对象相似度高,而不同组中的对象相似度低。具体来说,聚类分析的目标是将数据集分割成几个组或"聚类",每个聚类内部的数据点彼此相似,而与其他聚类的数据点不同。

## 10.4.1　常用的聚类方法

(1) K-means 聚类。K-means 聚类是一种无监督算法,它将数据划分为非重叠的子集(聚类),每个聚类由其内部数据点的均值(聚类中心)表示。K-means 聚类的目标是最小化所有聚类中所有数据点到其聚类中心的距离之和。它是最常用的聚类方法之一,具体理论会在后面小节进行详细介绍。

(2) 层次聚类。层次聚类作为一种聚类算法,旨在构建数据的层次结构。与将数据分为固定数量的簇的 K-means 聚类不同,层次聚类从将每个数据点都视为一个单独的簇开始,逐渐合并这些簇,直到所有数据点都位于一个大簇中或满足其他停止条件。这种方法可以形成一个树状的层次结构,或称为"树状图",它反映了数据中的结构关系。这种方法的一个优点是不需要预先指定簇的数量,缺点是计算复杂度较高,不适合大数据集。

（3）密度聚类。密度聚类是一种基于数据点密度的聚类方法，其中，聚类的形成依赖于数据点在特定空间范围内的紧密程度。最著名的密度聚类算法是 DB-SCAN（Density-Based Spatial Clustering of Applications with Noise）。该算法将具有足够数量邻居的数据点彼此连接，形成高密度区域，而低密度区域则被视为噪声或边界点。与 K-means 不同，密度聚类不需要预先确定聚类数量，并且可以检测任意形状的聚类。其灵活性和对噪声的鲁棒性使密度聚类在许多应用中都很受欢迎。

（4）谱聚类。谱聚类是一种基于图理论的聚类方法，将数据点视为图中的节点，将数据点之间的相似度或距离表示为边的权重。通过构造相似度矩阵并进行特征分解，谱聚类能够捕捉数据的底层几何结构，并将其用于聚类。谱聚类特别适用于处理非凸或复杂形状的聚类，其中，传统的基于距离的方法的效果可能不佳。谱聚类的关键步骤包括相似度矩阵的构建、图拉普拉斯矩阵的构造和特征向量的计算，常用 K-means 或其他简单聚类方法对特征向量进行聚类，从而得到最终结果。谱聚类的这种组合方法使其在许多领域，特别是在图像和图形分析方面，都具有很高的实用价值。

### 10.4.2　K-means 聚类

#### 10.4.2.1　基本概念

K-means 聚类是一种无监督学习算法，用于将数据分为 K 个独立的组或聚类。这些聚类表示数据中的自然分组，并可能揭示数据的内在结构和模式。它的名字来源于算法的核心思想，即找到 K 个聚类中心，使每个数据点与其最近的聚类中心之间的平均距离最小。K-means 聚类广泛应用于市场细分、图像分割、异常检测等多个领域，其易于理解和实现的特点使其成为数据分析的强大工具之一。

该算法的工作原理相对简单，首先随机选择 K 个数据点作为初始聚类中心。其次，每个剩余的数据点都被分配到离它最近的聚类中心。最后，根据每个聚类中的所有数据点的均值，重新计算聚类中心。该过程不断重复，直到聚类中心不再发生显著变化，或达到设定的迭代次数便停止迭代。

以下是与 K-means 算法相关的理论公式：

计算数据点到聚类中心的距离公式——这里使用欧几里得公式来计算：

$$d\left(x_i,\ c_j\right)=\sqrt{\left(x_{i1}-c_{j1}\right)^2+\left(x_{i2}-c_{j2}\right)^2+\cdots+\left(x_{in}-c_{jn}\right)^2}$$

分配数据点到最近的聚类中心——为每个数据点找到最近的聚类中心：

$$c\left(x_i\right)=\underset{j}{\mathrm{argmin}}\,d\left(x_i,\ c_j\right)$$

重新计算聚类中心——为每个聚类计算数据点的均值：

$$c_j = \frac{1}{n_j} \sum_{i=1}^{n_j} x_i$$

### 10.4.2.2 实现流程

下面是 K-means 算法的算法流程：

（1）选择聚类数量（K）。选择将数据分成的聚类数量是 K-means 聚类的第一步。聚类数量（K）的选择可能会影响最终结果，因此通常需要基于数据的特性和分析目的来合理选择。

（2）初始化聚类中心。选择 K 个数据点作为初始聚类中心。可以随机选择，或使用特定方法（如 K-means++）来优化初始选择。聚类中心的初始选择对算法的收敛速度和最终结果有很大影响。

（3）分配数据点到最近的聚类中心。将每个数据点分配到与其最近的聚类中心。一般通过计算数据点与每个聚类中心之间的欧几里得距离来实现。数据点将被分配到距离最近的聚类中心所在的聚类。

（4）重新计算聚类中心。一旦所有数据点被分配到聚类中，就可以重新计算聚类中心。这通过计算每个聚类内数据点的均值来实现，每个聚类的均值成为新的聚类中心。

（5）重复步骤 3 和步骤 4 直至收敛完成。重复执行步骤 3 和步骤 4，直到聚类中心不再发生显著变化或达到预定的迭代次数。每次迭代都可能改进聚类的质量，使数据点更紧密地围绕聚类中心。

### 10.4.3 案例分析

K-means 案例：数字鸿沟（数字技术使用等级）——基于 2018 年 CFPS 数据。

首先，对于数字技术的"接入沟"，我们运用"是否使用移动上网"与"是否使用电脑上网"两个问题进行衡量。其中，有一个问题回答为"是"则认为已经接入数字技术。如果样本接入数字技术则赋值为 1，否则为 0。其次，对于数字技术的"使用沟"，我们用"一周内业余上网时间"这一连续变量进行刻画，上网时间越长则表示其数字技术使用频率越高。最后，本书引入"利用各类渠道（互联网、电视、报刊、手机和他人告知）获取信息的重要度"变量，将其问卷中所回答的重要程度划分为 1~5 个等级，等级越高则对该种途径的依赖度越高。具体如表 10-10 所示。

表 10-10　具体情况

| 上网时间 | 接入网络 | 获取信息 |
| --- | --- | --- |
| 3 | 1 | 2.2 |
| 4 | 1 | 3 |
| 15 | 1 | 3.8 |
| 70 | 1 | 2.6 |
| 3 | 1 | 2.4 |
| 20 | 1 | 2.2 |
| 10 | 1 | 2.8 |
| 7 | 1 | 3.4 |
| 14 | 1 | 2 |
| 15 | 1 | 2 |
| 0 | 0 | 1.8 |
| 0 | 0 | 2.2 |
| 15 | 1 | 2 |
| 10 | 1 | 2.6 |
| 32 | 1 | 3.4 |
| 10 | 1 | 2.6 |
| 0 | 0 | 2.4 |
| 8 | 1 | 2.6 |
| 7 | 1 | 2.6 |
| 1 | 1 | 1.4 |

（1）导入第三方模块，代码如下：

```
import random
import numpy as np
import pandas as pd
from matplotlib import pyplot as plt
from mpl_toolkits.mplot3d import Axes3D # 空间三维画图
def load_data(path):
```

```
df = pd.read_excel(path)
column_count = df.shape[1]
df_li = df.values.tolist()
return df_li, column_count
```

（2）计算欧氏距离，并且存储到数组中，代码如下：

```
def distance(dataSet, centroids, k):
    dis_list = []
    for data in dataSet:
        diff = (np.tile(data, (k, 1))) - centroids
        squaredDiff = diff ** 2
        squaredDist = np.sum(squaredDiff, axis = 1)
        distance = squaredDist ** 0.5
        dis_list.append(distance)
    dis_list = np.array(dis_list)
    return dis_list
```

（3）计算质心，并且返回质心变化量，代码如下：

```
def Centroids_Init(dataSet, centroids, k):
    # 首先计算初始化质心与数据集元素之间的距离
    dis_list = distance(dataSet, centroids, k)
    # 根据第一次距离计算进行分类,并计算出新的质心
    minDistIndices = np.argmin(dis_list, axis = 1) # axis 表示每行最小值下标
    ## DataFrame(dataSet)对 DataSet 分组       # groupby(min)按照 min 进
行统计分类
    # mean()对分类结果求均值
    newCentroids = pd.DataFrame(dataSet).groupby(minDistIndices).mean()
    newCentroids = newCentroids.values
    # 计算新质心与初始化质心的变化量
    centroids_change = newCentroids - centroids
    return centroids_change, newCentroids
```

（4）使用 K-means 进行分类，代码如下：

```
def k_means(dataSet,k):
    # 随机获取质心,作初始化处理
    # 从数据集中随机取 k 个元素作为质心
    centroids = random.sample(dataSet,k)
    centroids_change,newCentroids = Centroids_Init(dataSet,centroids,k)
    # 不断更新质心,直到 centroids_change 为 0,表示聚类中心已经确定
    while np.any(centroids_change! =0):
        centroids_change,newCentroids = Centroids_Init(dataSet,newCentroids,k)
    # 将矩阵转换为列表,并排序
    centroids = sorted(newCentroids.tolist())
    # 根据质心来聚类
    cluster = []
    # 计算欧氏距离
    dis_list = distance(dataSet,centroids,k)
    minDistIndices = np.argmin(dis_list,axis =1)
    for i in range(k):
    # 根据 k 个质心创建 k 个空列表,表示 k 个簇
        cluster.append([])
    for i,j in enumerate(minDistIndices):
        # 将 dataSet 中的元素分类到指定的列表中
        cluster[j].append(dataSet[i])
    return centroids,cluster
```

（5）数据可视化，代码如下：

```
def visualization(dataSet,centroids):
    if column_count = = 2:
        for i in range(len(dataSet)):
                plt.scatter(dataSet[i][0],dataSet[i][1],marker = 'o',color =
'blue',s =40,label ='原始点')
```

```python
        for j in range(len(centroids)):
            plt.scatter(centroids[j][0],centroids[j][1],marker=
'x',color='red',s=50,label='质心')
        plt.show()
    elif column_count==3:
        fig=plt.figure()
        ax=Axes3D(fig)
        for i in range(len(dataSet)):
            ax.scatter(dataSet[i][0],dataSet[i][1],dataSet[i][2],mark-
er='o',color='blue',s=40,label='原始点')
        for j in range(len(centroids)):
            ax.scatter(centroids[j][0],centroids[j][1],centroids[j]
[2],marker='x',color='red',s=50,label='质心')
        ax.set_zlabel('Z',fontdict={'size':15,'color':'red'})
        ax.set_ylabel('Y',fontdict={'size':15,'color':'red'})
        ax.set_xlabel('X',fontdict={'size':15,'color':'red'})
        plt.show()
    else:
        print('数据维度过高,无法进行可视化')
```

（6）运行程序，代码如下：

```python
if _name_=='_main_':
    path=input(r'请输入文件的路径:')
    df,column_count=load_data(path)
    print(df)
    print('-'*30,'读取成功','-'*30)
    k=int(input('请输入簇数:'))
    centroids,cluster=k_means(df,k)
    print('质心为:%s'%centroids)
    print('集群为:%s'%cluster)
```

visualization( df, centroids )

结果如下：

　　请输入文件的路径：C：/Users/asus/Desktop/python/数字鸿沟 1.xlsx
　　请输入簇数：4
　　质心为：[[ 0.6842105263157895，0.2631578947368421，2.4105263157894736 ]，[ 8.153846153846153，1.0，2.876923076923077 ]，[ 17.178571428571427，1.0，2.6499999999999995 ]，[ 43.857142857142854，1.0，3.057142857142857 ]]

具体如图 10-9 所示。

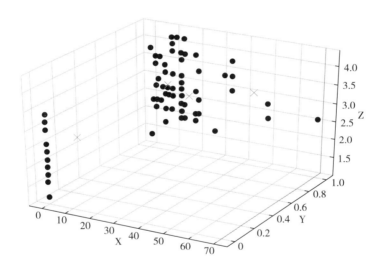

图 10-9　K-means 结果

# 10.5　本章小结

　　本章阐述了机器学习的基本理论、主要应用方向、实现流程、评价标准，并介绍了回归分析、分类算法和聚类分析等常用模型，结合实际数据进行案例讲解。

首先引入机器学习的概念，介绍了机器学习的类型和实现步骤，为后面常用模型的介绍做铺垫。其次介绍了回归分析、分类算法和聚类分析的常用分析方法，回归分析有简单线性回归、多元线性回归、岭回归、Lasso 回归和逻辑回归，分类算法主要有 KNN 算法，聚类分析包括 K-means 聚类、层次聚类、密度聚类、谱聚类。我们学习了其中的原理和操作步骤后，通过案例操作可以掌握机器学习的主要思路。

值得注意的是，本章主要是基于 Sklearn 开源框架展开进行代码操作，它是Python 语言中专门针对机器学习应用而发展起来的一款开源框架，主要基本功能分为六大部分：分类、回归、聚类、数据降维、模型选择和数据预处理。

通过本章的认识，我们了解了 Python 数据分析与机器学习前沿技术的关系，作为数据分析的一部分，机器学习的任务主要是确定分析问题类型（分类、聚类、关联等）、选择相应算法构建模型。当前，机器学习应用场景不断延伸，是解决人工智能这类问题的一个重要手段。

**思考题**

1. 阐述人工智能、机器学习与深度学习三者间的关系。

2. 画出机器学习工作的基本流程图。

3. 说明模型、策略和算法三者间联系。模型评估度量标准有什么？分类评价指标如召回率、精确率、正确率等如何解释？

4. 回归算法、分类算法和聚类算法的应用场景分别有哪些？举例说明。

5. 使用机器学习模型，对"泰坦尼克号"数据集中的生存情况（survived）进行预测。

**练习题**

1. 利用 Sklearn 自带数据集加载糖尿病数据集（load_ diabetes），按照线性回归标准流程进行线性回归分析，步骤如下：①导入数据；②划分训练集、测试集；③数据标准化；④使用线性回归模型和随机梯度下降进行预测；⑤性能测评。

2. 数据源自某省统计年鉴，收集包括年份、社会消费品零售额、城镇居民人均可支配收入、农村居民人均可支配收入、人口数量、居民消费价格指数和城镇化率等变量数据，用岭回归和 Lasso 回归两种模型分析某省社会消费品零售额的相关影响因素。

3. 选取 2018 年 CFPS 成人库的数据，运用机器学习模型，使用 KNN 算法根据户籍、性别、年龄、工作状态、学历、过去 12 个月总收入（元）、健康状态、理想结婚年龄、是否为党员、生活幸福程度、使用互联网社交频率等因素预测个人当前婚姻状态类型。

4. 使用 K-means 聚类分析个人金融素养程度。根据 2015 年 CHFS 调查问卷提供的信息，将受访者的金融知识和金融能力综合考虑，纳入金融素养衡量体系，采用以下三个指标来衡量定量评价居民金融素养程度的高低：第一个指标为对金融信息的关注程度（information）；第二个指标为是否上过专业课程（course）；第三个指标为金融能力（capability）。具体关于金融素养指标体系的构建如表 10-11 所示。

表 10-11　金融素养指标的构建

| | | 指标构建 | 赋值 |
|---|---|---|---|
| 金融素养 | 金融知识 | 对经济金融信息的关注程度 | 非常关注 = 5，很关注 = 4，一般 = 3，很少关注 = 2，从不关注 = 1 |
| | | 是否上过专业课程 | 是 = 1，否 = 0 |
| | 金融能力 | 计算利率 | 正确 = 1，错误 = 0 |
| | | 计算通货膨胀率 | |
| | | 判断股票与基金风险大小 | |
| | | 判断两种彩票价值大小 | |

# 第 11 章  自然语言处理

在信息爆炸的时代，互联网每天产生海量的数据，数据形式和来源多样化，包括网络日志、文字、音频、视频、图片等，多类型的数据对数据处理能力提出了更高的要求，要求从海量数据中获取有价值的信息以发现复杂系统中的运行规律，这推动了人工智能的发展。自然语言处理（Natural Language Processing，NLP）是人工智能领域中的一个重要方向，即通过计算机领域的技术来处理、理解以及运用人类语言（如中文、英文等）。

自然语言处理具有广泛应用场景，基础应用有词法分析、句法分析、语义分析、篇章分析，提高应用有机器翻译、自动问答、情感分析、信息抽取等，高级应用包括智能客服、搜索引擎、推荐系统、知识图谱。例如，2022 年 11 月，OpenAI 发布的聊天机器人 ChatGPT 掀起了 AI 技术革命，对各行业都产生了巨大影响。NLP 在社会经济学研究中也有广泛应用，借助计算机处理技术，研究数据从传统的结构化数据拓展到丰富及大量的文本数据领域，拓展了经济学研究思维和范式。完善的自然语言处理知识体系庞大，涉及技术复杂，本章将简要介绍自然语言处理的主要思想和常用算法，结合案例讲解主要应用方向。

## 11.1  文本分析基本原理

### 11.1.1  基本原理

文本分析是一种使用算法来解读从书籍、报纸、博客、社交媒体等收集的自然语言文本的过程。这一过程可以帮助我们理解文本中的主题、情感、人物等。文本分析在许多领域都有广泛的应用，包括市场研究、情感分析、文学研究等。

文本分析的基本原理可以分为以下几个关键步骤：

（1）预处理。这一阶段包括清理和组织文本。这可能涉及去除标点符号、数字和特殊字符，将文本转换为小写以及分词等。

（2）文本表示。文本必须以一种计算机可以理解的方式（数字向量）来表示。常见的方法包括词袋模型（BoW）和词嵌入，如 Word2Vec。

（3）特征提取。这一步骤涉及识别和提取文本中的关键特征，如词频、词序、句法结构等。

（4）建模和分析。使用统计或机器学习方法来分析文本。这可能涉及主题建模、情感分析或分类任务等自然语言处理相关应用。

（5）解释和可视化。解释和可视化分析结果。这可能涉及创建图表和图形来表示文本中的关键主题或情感趋势。

### 11. 1. 2　前沿进展

随着人工智能技术的快速发展，自然语言处理（NLP）领域在近年来取得了巨大的进步。这些进步不仅提高了模型的性能，还为各种实际应用，如经济和农业发展，提供了新的机会。如今自然语言处理技术的前沿算法可以分为以下三种：

（1）Transformer，是一种新型的深度学习模型结构，它完全依赖于自注意力机制（self-attention mechanism）来捕获输入数据的全局依赖关系。与需要线性依次处理数据的传统的序列神经网络和卷积神经网络不同，Transformer 能够并行处理所有输入数据，从而大大提高训练效率。它的这一特性使其在处理长序列数据如长篇新闻时具有明显的优势，特别是在机器翻译和文本摘要等任务中。

（2）BERT，是基于 Transformer 结构的预训练模型，它通过双向训练（从文本开头到文本末尾以及从文本末尾到文本开头）来捕获文本中的上下文信息。与传统的单向训练方法不同，BERT 能够同时考虑文本中的前后关系，从而获得更为丰富的语义表示。BERT 的出现为各种 NLP 任务，如情感分析、命名实体识别和问答系统，设定了新的性能标准。

（3）GPT，是另一种基于 Transformer 的预训练模型。与 BERT 不同的是，GPT 采用了单向的训练策略，并且更注重生成任务。GPT 在训练时首先进行大量的无监督预训练（即训练时不需要给模型提供答案标签），其次再进行有监督的微调，这使它能够在多种 NLP 任务中都表现出色。GPT 的这一特性使其在文本生成、对话系统和代码生成等领域中具有广泛的应用前景。

# 11.2  自然语言处理常用算法

### 11.2.1  中文分词与结巴（Jieba）分词应用

中文分词是自然语言处理中的一个重要步骤，它的目标是将一个连续的中文文本切分成一个个单独的词。由于中文的语言特性，词与词之间没有明显的分隔符，因此中文分词的难度比英文等使用空格分隔词语的语言要大。

Jieba（结巴）分词是一个用 Python 编写的开源中文分词库，它提供了非常方便的中文分词解决方案，可以满足大多数中文分词需求。它支持三种分词模式：精确模式（试图将句子最精确地切开，适合文本分析，也是 Jieba 分词的默认模式）、全模式（把句子中所有的可以成词的词语都扫描出来，速度非常快，但不能解决歧义）和搜索引擎模式（在精确模式的基础上，对长词再次切分，提高召回率，适合用于搜索引擎分词）。

在分词后还可以选择去除停用词，目的是删除文本中常见但对分析贡献不大的词，减少分析时可能存在的噪声，如"的""和""是"，以便更准确地捕捉文本的主要信息。

下面展示如何利用 Jieba 分词进行中文分词并去除停用词：

```
import jieba
# 这是一个简单的停用词列表,可以通过自行添加或从网上搜索加载更全面
的停用词表
stop_words=["的","了","和","是","就","都","而","及","与","把",
"被","做","对","用","这","一","一个"]
# 精确模式,试图将句子最精确地切开,适合文本分析
```

```
seg_list=jieba.cut("今年中国的 GDP 增长了三个百分点",cut_all=False)
print("Default Mode:"+"/".join(seg_list))    # 今年/中国/的/GDP/增长/了/三个/百分点
# 搜索引擎模式,在精确模式的基础上,对长词再次切分,提高召回率,适合用于搜索引擎分词
seg_list=jieba.cut_for_search("今年中国的 GDP 增长了三个百分点")
print("Search Engine Mode:"+"/".join(seg_list))   # 今年/中国/的/GDP/增长/了/三个/百分/分点/百分点
# 全模式,把句子中所有的可以成词的词语都扫描出来,速度非常快,但是不能解决歧义
seg_list=jieba.cut("今年中国的 GDP 增长了三个百分点",cut_all=True)
print("Full Mode:"+"/".join(seg_list))   # 今年/中国/的/GDP/增长/了/三个/百分/百分点/分点
# 分词后去除停用词
seg_list=jieba.cut("今年中国的 GDP 增长了三个百分点",cut_all=False)
filtered_words=[word for word in seg_list if word not in stop_words]
# 打印过滤后的词
print("/".join(filtered_words))# 今年/中国/GDP/增长/三个/百分点
```

接下来以 2023 年中央一号文件为例，展示如何利用 Jieba 工具对文档进行文本分析。

（1）Jieba 分词，代码如下：

```
import jieba
import jieba.analyse
import pandas as pd
txt=open("2023 年中共中央国务院关于做好 2023 年全面推进乡村振兴重点工作的意见 .txt ","r ",encoding='UTF-8 ').read()
txt[:200]# 显示前 200 个字符
words=jieba.lcut(txt)    # 使用精确模式对文本进行分词
words[:10]# 显示前 10 个词
```

$$Wi = jieba.analyse.extract\_tags(txt, topK = 10, withWeight = True)$$

# 文中出现次数最多的 10 个词及权重

$$pd.DataFrame(Wi, columns = ['关键词', '权重'])$$

具体如图 11-1 所示。

图 11-1　分词过程及结果

（2）词频统计，代码如下：

import pandas as pd

def words_freq(words):# 定义统计文中词出现的频数函数

  counts = {}　　# 通过键值对的形式存储词语及其出现的次数

for word in words：

　　if len(word)==1:continue# 单个字不计算在内

　　else:# 遍历所有词语,每出现一次其值加 1

　　　　counts[word]=counts.get(word,0)+1

return(pd.DataFrame(counts.items(),columns=['关键词','频数']))

wordsfreq=words_freq(words);

print(wordsfreq)# 输出词频数

具体如图 11-2、图 11-3 所示。

```python
import pandas as pd
def words_freq(words): #定义统计文中词出现的频数函数
    counts = {}     #  通过键值对的形式存储词语及其出现的次数

    for word in words:
        if len(word) == 1: continue # 单个字不计算在内
        else: #遍历所有词语，每出现一次其值加 1
            counts[word] = counts.get(word,0) + 1
    return(pd.DataFrame(counts.items(),columns=['关键词','频数']))
```

wordsfreq=words_freq(words);wordsfreq

| | 关键词 | 频数 |
|---|---|---|
| 0 | 中共中央 | 1 |
| 1 | 国务院 | 1 |
| 2 | 关于 | 3 |
| 3 | 做好 | 11 |
| 4 | 2023 | 3 |
| ... | ... | ... |
| 1448 | 坚定信心 | 1 |
| 1449 | 踔厉奋发 | 1 |
| 1450 | 埋头苦干 | 1 |
| 1451 | 作出 | 1 |
| 1452 | 贡献 | 1 |

1453 rows × 2 columns

**图 11-2　词频统计过程及结果（1）**

wordsfreq.sort_values ( by = '频数',ascending = False,inplace = True ) ;

keys = wordsfreq.set_index ( '关键词' ) ;

keys [ :10 ] # 按词频排序,并设关键词为索引,取排名前 10 个关键词

```
wordsfreq.sort_values(by='频数',ascending=False,inplace=True);
keys=wordsfreq.set_index('关键词');
keys[:10] #按词频排序, 并设关键词为索引, 取排名前10个关键词
```

|  | 频数 |
| --- | --- |
| 关键词 | |
| 乡村 | 68 |
| 建设 | 61 |
| 农村 | 50 |
| 农业 | 49 |
| 推进 | 47 |
| 发展 | 46 |
| 实施 | 35 |
| 加强 | 35 |
| 振兴 | 31 |
| 加快 | 26 |

**图 11-3   词频统计过程及结果 ( 2 )**

（3）画词云图，代码如下：

from wordcloud import WordCloud# 加载词云包

strings = "".join ( words ) # 用 .join 将分词连接为字符串,用空格分隔

WC = WordCloud ( max_words = 50,max_font_size = 200,width = 1200,height = 800,font_path = 'STZHONGS. TTF ',background_color = "white " ) # Windows

plt.imshow ( WC.generate ( strings ) ) ;

plt.axis ( "off " ) ;

具体如图 11-4 所示。

```
from wordcloud import WordCloud #加载词云包
strings= " ".join(words) #用.join将分词连接为字符串，用空格分隔
WC=WordCloud(max_words=50,max_font_size=200,width=1200, height=800, font_path='STZHONGS
plt.imshow(WC.generate(strings));
plt.axis("off");
```

**图 11-4　画词云图的过程及结果**

### 11.2.2　TF-IDF 算法

TF-IDF（Term Frequency-Inverse Document Frequency）是一种统计方法，用于评估一个词在文档或语料库中的重要性。它由两部分组成：词频（TF）和逆文档频率（IDF）。

（1）词频（TF）：表示一个词在文档中出现的频率。它的计算公式为：TF（t）= 该词在文档中的出现次数/文档中的词总数。

（2）逆文档频率（IDF）：表示一个词在语料库中的稀有程度。一个词如果在很多文档中都出现，那么它的 IDF 值就会低。它的计算公式为：IDF（t）= log（语料库中的文档总数/（包含该词的文档数+1））。TF-IDF 值：是 TF 和 IDF 的乘积，用于评估一个词在特定文档中的重要性，计算公式为：TF_ IDF（t）= TF（t）×IDF（t）。

接下来的案例中我们还会用到名为 gensim 的 Python 库，该库主要用于处理文本数据，特别是在主题建模和文档相似性分析领域，目的是使主题建模技术更容易应用在实际场景中。本书以 2020～2023 年的中央一号文件为例，展示如何利用 TF-IDF 算法挑选出这些文档里重要的词。

（1）文档读取以及文件预处理。读取所有提供的文件，并进行分词和预处理，代码如下：

```
import jieba
import re    # Python 内置的正则表达式处理工具库
file_paths = [
        '2020 年中共中央国务院关于抓好"三农"领域重点工作确保如期实现
全面小康的意见 .txt ',
        '2021 年中共中央国务院关于全面推进乡村振兴加快农业农村现代化
的意见 .txt ',
        '2022 年中共中央国务院关于做好 2022 年全面推进乡村振兴重点工作
的意见 .txt ',
        '2023 年中共中央国务院关于做好 2023 年全面推进乡村振兴重点工作
的意见 .txt '
        ]
preprocessed_texts = [ ]
for file_path in file_paths：
        with open( file_path,'r ',encoding = 'utf-8 ') as file：
                text = file.read( )
                # 移除标点符号和数字
                text = re.sub( r '[^\w\s]','',text)    # 移除标点符号
                text = re.sub( r '\d+','',text)            # 移除数字
                words = jieba.cut( text)                  # 分词
                # 加载停用词表并去除停用词
stopwords = [ ]
with open( "cn_stopwords. txt ","r ") as f：
                for word in f：
                        stopwords.append( word.strip( ) )
                words = [ word for word in words if word not in stopwords]
                preprocessed_texts.append( ''.join( words) )
```

（2）构建语料库。使用 gensim 的 Dictionary 类来构建语料库，代码如下：

```
from gensim. corpora import Dictionary
# 构建词典
dictionary = Dictionary([doc. split() for doc in preprocessed_texts])
# 构建语料库
corpus = [dictionary.doc2bow(doc.split()) for doc in preprocessed_texts]
```

（3）创建和应用 TF-IDF 模型，代码如下：

```
from gensim import models
# 创建 TF-IDF 模型
tfidf = models.TfidfModel(corpus)
# 应用 TF-IDF 模型
tfidf_corpus = tfidf[corpus]
```

（4）打印模型的计算结果。我们将打印 TF-IDF 值前 20 的结果，代码如下：

```
# 打印 TF-IDF 值
tfidf_values = []
for doc in tfidf_corpus:
    for id, value in doc:
        tfidf_values. append((dictionary[id], value))
tfidf_values[:20]
```

结果如图 11-5 所示。

这里输出了四个中央一号文件里 TF-IDF 值前 20 的词及其对应的值。TF-IDF 值越高，表示该单词在文档中的重要性越高，这个重要性是相对于整个文档集（语料库）来说的。具体来说，高 TF-IDF 值通意味着词或短语在特定文档中出现得相对频繁，但在整个文档集（语料库）中出现得相对稀少。

### 11. 2. 3　主题模型——LDA

#### 11. 2. 3. 1　LDA 原理介绍

主题模型是一种统计模型，用于从大量文档中发现隐藏的主题。这些模型基于一个简单的假设：文档是由主题的混合生成的，而主题是由词的混合生成的。通过主题模型，我们可以为每个文档分配一个主题分布，为每个主题分配一个词

```
[('一个', 0.006259139038657787),
 ('一二三', 0.012518278077315575),
 ('一件', 0.09048540022817417),
 ('一刀切', 0.015080900038029029),
 ('一块', 0.060323600152116116),
 ('一定', 0.015080900038029029),
 ('一户', 0.060323600152116116),
 ('一村', 0.030161800076058058),
 ('一次性', 0.030161800076058058),
 ('一站式', 0.030161800076058058),
 ('一系列', 0.060323600152116116),
 ('一线', 0.006259139038657787),
 ('一项', 0.030161800076058058),
 ('三中', 0.015080900038029029),
 ('三区', 0.09048540022817417),
 ('三州', 0.09048540022817417),
 ('三权', 0.015080900038029029),
 ('上交', 0.030161800076058058),
 ('上学', 0.030161800076058058),
 ('上市', 0.030161800076058058)]
```

**图 11-5    TF-IDF 算法输出的结果**

分布。常见的主题模型有潜在语义分析（LSA）、概率潜在语义分析（PLSA）和潜在狄利克雷分配（Latent Dirichlet Allocation，LDA）。潜在狄利克雷分配是最流行的主题模型之一，在这里我们主要简单介绍潜在狄利克雷分配。传统判断两个文档相似性的方法，如 TF-IDF 算法，主要依赖于两个文档共同出现单词的多少来进行评估。这种方法主要关注表面的词汇匹配，而没有深入到文字背后的语义关联。然而，即使两个文档共同出现的单词很少甚至没有，它们仍可能具有相似的含义或主题。与此相反，LDA 假设每个文档都是由多个主题的混合生成的，而每个主题都是由多个词的混合生成的。LDA 的目标是找到这些混合，从而为每个文档分配主题，为每个主题分配词。LDA 通过分析文档中单词的概率分布来揭示潜在的主题结构，从而能够捕捉到文档之间更深层次的语义相似性。这使 LDA 在理解和比较文档的主题结构方面具有更高的灵敏度和准确度。

11.2.3.2　实现流程

LDA 算法相关概念和特征可以分为以下几点：

（1）主题的表示：每个主题由词的概率分布表示，可以看作是一组与特定主题关联的词集合。

（2）文档的生成：每篇文档是由多个主题混合而成的，每个主题以一定的概率选择一个词语。

（3）狄利克雷分布：LDA 假设文档主题和主题词汇分布满足狄利克雷分布，这种假设使模型可以以统计的方式理解文档的主题结构。

（4）无监督学习：LDA 是一种无监督的概率生成模型算法，不需要标记训练数据，可以自动发现文本数据的主题信息。

在 LDA 算法中针对每个文档的每个单词出现的概率计算过程如图 11-6 所示。

$$p(\text{词语} \mid \text{文档}) = \sum_{\text{主题}} p(\text{词语} \mid \text{主题}) \times p(\text{主题} \mid \text{文档})$$

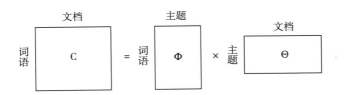

**图 11-6　计算过程**

图 11-6 中假设给定一系列文档，首先对文档进行分词，其次根据主题模型即右边的两个矩阵，计算每个文档每个词的词频，即最左边的矩阵。

11.2.3.3　案例分析

在接下来的案例中，我们会以 2020～2023 年的中央一号文件为语料库，展示如何利用 gensim 模块里的 LDA 模型挑选出这些文档里的主题词。代码如下：

```
from gensim import corpora, models
# 训练 LDA 模型
lda = models.LdaModel(corpus, id2word = dictionary, num_topics = 2)
# 函数参数 corpus:这是文档集的向量表示。通常,这是一个由词袋表示的
文档列表
```

# 函数参数 id2word：这是一个映射，从词 ID 映射到词

# 函数参数 num_topics：这是我们希望从数据中提取的主题数量。选择合适的主题数量通常需要多次尝试和评估

# 还有更多的模型参数说明请参考 https://radimrehurek.com/gensim/models/ldamodel.html

# 获取主题

topics = lda.show_topics(num_topics = -1, num_words = 10, formatted = False)

# 打印每个主题的前十个关键词

for topic_idx, topic in topics:

    print("Topic # %d:"%topic_idx)

    print("".join([word for word,_in topic]))

结果如图 11-7 所示。

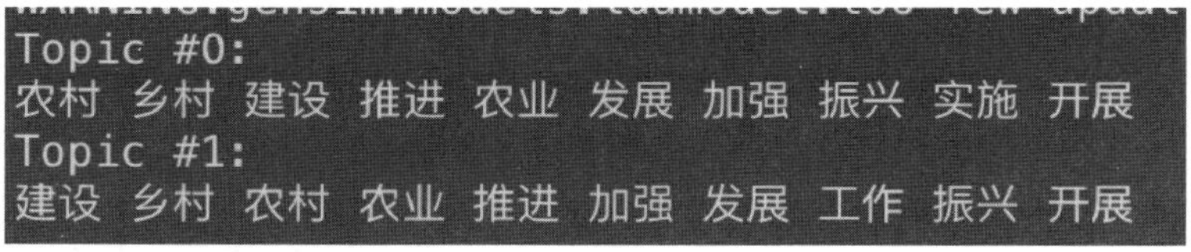

**图 11-7　前十个主题关键词**

在这个例子中，我们首先对新闻报告进行分词和预处理，其次创建词典和语料库，最后训练 LDA 模型并输出两个主题以及每个主题对应的前十个主题关键词。通过 LDA 模型，我们可以发现新闻报告中的隐藏主题，并为每个主题分配关键词。

## 11.2.4　词向量——Word2Vec

### 11.2.4.1　概念介绍

词向量是将词或短语从词汇表中映射到向量空间中的技术。这些向量捕获了词与词之间的语义关系，如相似性、反义等。词向量的主要优势是它们可以捕获上下文和语义信息，这在许多自然语言处理任务中都是非常有价值的。具体如图 11-8 所示。

传统的文本表示方法，如词袋模型，不能捕获上下文和语义信息。而通过深度学习方法生成的词向量，可以捕获这些信息，使其在诸如文本分类、情感分析和机器翻译等任务中表现得更好。常见的词向量模型有：

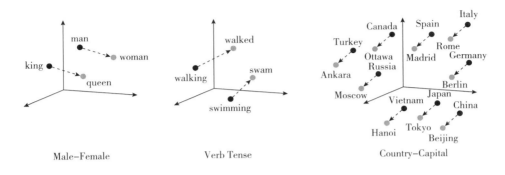

**图 11-8　词向量的空间表示**

（1）Word2Vec。由 Google 的研究员开发，它使用浅层神经网络模型从大量文本中学习词向量。

（2）FastText。由 Facebook 的研究员开发，它考虑了词的内部结构，特别是对于形态丰富的语言。

（3）GloVe。由斯坦福大学的研究员开发，它是根据词语在大量文本中同时出现的次数来计算得来的词向量。

11.2.4.2　Word2Vec 模型介绍

Word2Vec 是一种流行的词嵌入算法模型，可以将词汇转化为多维空间中的向量。这些向量捕捉了词汇之间的语义关系和句法结构。该算法通过训练神经网络模型，将词汇映射到向量空间。以下是它的主要特点和组成部分：

（1）向量空间模型。每个词被表示为实数向量。词汇之间的关系可以通过向量之间的距离和角度来量化。

（2）训练方法。Word2Vec 主要包括两种训练方法：Skip-Gram 和 Continuous Bag of Words（CBOW）。其中，Skip-Gram 方法是给定一个词，预测它周围的上下文词；CBOW 方法是给定一个词的上下文，预测这个词本身。

（3）文本窗口大小。算法设定的文本窗口大小决定了算法可以考虑的上下文范围。窗口越大，考虑的上下文词汇越多。

11.2.4.3　案例分析

下面介绍用 Python 代码生成 Word2Vec 词向量的案例，代码如下：

```
from gensim.models import Word2Vec
import jieba
# 假设我们有以下四个新闻报告短句
news_reports = [
    "国际市场上的油价持续上涨。",
    "政府决定增加对可再生能源的投资。",
    "最近的经济数据显示,失业率有所上升。",
    "科技公司发布了它们的季度财报。"
]
# 使用 jieba 工具进行分词
tokenized_reports = [list(jieba.cut(report)) for report in news_reports]
# 使用 Word2Vec 训练模型
model = Word2Vec(sentences = tokenized_reports, vector_size = 100, window = 5,
min_count = 1, workers = 4)
# 模型参数 sentences:这是要训练的句子集合。可以是一个句子列表,也可
以是一个句子迭代器
# 模型参数 vector_size:特征向量的维度大小。它决定了词向量的大小。在
这里,每个词都会被表示为一个 100 维的向量
# 模型参数 window:当前词与预测词之间的最大距离。例如,如果 window =
5,那么一个词的左侧和右侧各有 5 个词将被考虑为其上下文
# 模型参数 min_count:考虑用于训练的词的最小次数。这有助于删除那些
很少出现的词。在这里,所有出现至少一次的词都会被考虑
# 模型参数 workers:用于训练模型的并行进程数。这有助于加速模型的训练
# 更多的模型参数说明见 https://radimrehurek.com/gensim/models/word2vec.html
# 获取"油价"的词向量
vector = model.wv['油价']
print(vector)
```

结果如图 11-9 所示。

```
油价的词向量:
[ 8.12522881e-03 -4.45608841e-03 -1.06479728e-03  1.00570882e-03
 -1.93286949e-04  1.14364899e-03  6.11750688e-03 -1.29998425e-05
 -3.25134210e-03 -1.51761028e-03  5.89599041e-03  1.50860450e-03
 -7.32332526e-04  9.33444593e-03 -4.92360676e-03 -8.38817330e-04
  9.17551760e-03  6.75096689e-03  1.49827439e-03 -8.88740551e-03
  1.14745938e-03 -2.28900323e-03  9.37783066e-03  1.20976486e-03
  1.49053405e-03  2.40692869e-03 -1.83635775e-03 -5.00318920e-03
  2.30499936e-04 -2.00914778e-03  6.60729920e-03  8.93406384e-03
 -6.75885938e-04  2.96876673e-03 -6.10646002e-03  1.70553883e-03
 -6.91897469e-03 -8.69130995e-03 -5.89500647e-03 -8.95712152e-03
  7.28473067e-03 -5.77957416e-03  8.26737192e-03 -7.24538695e-03
  3.42089846e-03  9.67749394e-03 -7.78615940e-03 -9.94199421e-03
 -4.32745041e-03 -2.68169004e-03 -2.68521602e-04 -8.84066429e-03
 -8.61531682e-03  2.80668912e-03 -8.21045879e-03 -9.06582642e-03
 -2.33204453e-03 -8.63611698e-03 -7.06252875e-03 -8.40094965e-03
 -3.00649466e-04 -4.56287852e-03  6.62987679e-03  1.52045244e-03
 -3.33817210e-03  6.11444563e-03 -6.01091981e-03 -4.65613836e-03
 -7.20893545e-03 -4.33815690e-03 -1.80842495e-03  6.49209833e-03
 -2.76511000e-03  4.92285332e-03  6.90531265e-03 -7.46410433e-03
  4.55988385e-03  6.12736912e-03 -2.95159896e-03  6.62392005e-03
  6.12617889e-03 -6.44581672e-03 -6.76029781e-03  2.53210054e-03
 -1.62569422e-03 -6.07014680e-03  9.49787628e-03 -5.13147889e-03
 -6.55571697e-03 -1.19522731e-04 -2.69580469e-03  4.48442443e-04
 -3.53875058e-03 -4.23216348e-04 -7.03890517e-04  8.28161137e-04
  8.19433946e-03 -5.74348215e-03 -1.66354631e-03  5.57241216e-03]
```

图 11-9　油价的词向量

在上述代码中，我们首先使用 Jieba 对四个新闻报告短句进行了分词。然后，我们使用 Word2Vec 训练了一个模型，并为"油价"这个词生成了一个 100 维的词向量。

### 11.2.5　文本分类

文本分类是自然语言处理中的一个核心任务，它的目标是将文本文档自动分类到一个或多个已定义的类别中。在经济学领域，文本分类可以用于新闻分类、金融报告分类、市场预测等。

#### 11.2.5.1　分类方法

文本分类方法主要依赖于统计和机器学习技术。以下是一些常用的方法：

（1）朴素贝叶斯（Naive Bayes）。这是一个基于贝叶斯定理的分类方法，它假设每个特征与其他特征都是独立的。常见的有 GaussianNB（高斯朴素贝叶斯）、MultinomialNB（多项式朴素贝叶斯）和 BernoulliNB（伯努利朴素贝叶斯）。

（2）支持向量机（Support Vector Machines，SVM）。SVM 试图找到一个超平面，以最大化两个类别之间的间隔。

（3）决策树（Decision Trees）。决策树是一个流行的分类和回归方法，它使用树结构来表示决策和决策结果。

（4）随机森林（Random Forests）。它是多个决策树的集合，通过投票机制来进行分类，用于提高分类的准确性和稳定性。

11.2.5.2　案例

假设我们有一组经济新闻，我们想要将其分类为"宏观经济"和"微观经济"，代码如下：

```python
from sklearn.feature_extraction.text import CountVectorizer
from sklearn.naive_bayes import MultinomialNB
# 训练数据
texts = ["中央银行今天调整了利率","苹果公司的股价上涨了5%","全球经济增长放缓","新的创业公司在硅谷崭露头角"]
labels = [0,1,0,1]    # 0:宏观经济,1:微观经济
# 文本向量化
vectorizer = CountVectorizer()
X_train = vectorizer.fit_transform(texts)# 构建文本数据的词汇表并将文本转换为对应的词向量
# 创建朴素贝叶斯分类器
model = MultinomialNB()
# 训练模型
model.fit(X_train,labels)    # 填入要训练的文本向量数据和对应的标签向量
# 预测
sample_news = ["联邦储备决定再次降息"]
X_sample = vectorizer.transform(sample_news)
prediction = model.predict(X_sample)
print("预测类别:",prediction[0])
```

# 11.3　本章小结

本章介绍了自然语言处理的基本原理和前沿进展，以及常用算法，包括中文分词与结巴（Jieba）分析应用、TF-IDF 算法、主题模型 LDA、词向量 Word2Vec 和文本分类，并结合实际案例进行分析。

首先我们学习了文本分析的基本原理，分为预处理、文本表示、特征提取、建模和分析、解释和可视化五个关键步骤，也了解了如今自然语言处理技术的前沿算法 Transformer、BERT 和 GPT 的基本内涵。其次介绍了自然语言处理的一些常用算法，利用 Jieba（结巴）分词掌握中文分词的内涵和画出词云图，以及 TP-IDF 算法。同时，掌握了主题模型——LDA 和词向量 Word2Vec 的训练方法，相比于传统文本表示方法，通过深度学习的词向量可以捕获上下文和语义信息。此外，我们还学习了使用朴素贝叶斯分类器进行文本分类。

自然语言处理应用场景广泛，除词法分析、句法分析、语义分析、篇章分析等基础应用外，还有提高应用，如情感分析。情感分析可以帮助我们识别和提取文本中的主观信息，如作者的情感、态度、情感倾向等。

学习本章内容后，面对信息化时代的轰炸式信息，我们可以通过计算机领域的技术来处理、理解以及运用人类语言，以更高效的方式从海量数据中获取有价值的信息，提高个人的数据处理能力。

**思考题**

1. 选取一句话展示如何利用 Jieba 工具进行中文分词。

2. 选择某一则中文新闻报道，利用 Jieba 工具对文档进行文本分析，包括中文分词、词频统计并画出词云图。

3. 常见的主题模型有什么？简述具体内涵。

4. 阐述传统的文本表达方法与词向量的区别与差异。词向量的主要优势是什么？

**练习题**

1. 设置一组政治新闻，使用朴素贝叶斯分类器进行政治新闻类别预测，分类为"硬新闻"和"软新闻"。

2. 使用上述新闻报道，首先使用 Jieba 对新闻进行分词，其次使用 Word2Vec 训练一个模型，并为某个词获取一个词向量。

3. 对近 5 年的中央一号文件进行分词，然后创建词典和语料库，并训练 LDA 模型。通过 LDA 模型发现文件中的隐藏主题，并为每个主题分配关键词。

4. 以 2016~2022 年的国家领导人新年贺词为例，展示如何利用 TF-IDF 算法挑选出这些内容里重要的词汇。